경북의 종가문화 39

전통을 계승하고 세상을 비추다,
성주 완석정 이언영 종가

기획 | 경상북도 · 경북대학교 영남문화연구원
지은이 | 이영춘
펴낸이 | 오정혜
펴낸곳 | 예문서원

편집 | 유미희
디자인 | 김세연
인쇄 및 제본 | (주) 상지사 P&B

초판 1쇄 | 2016년 5월 10일

주소 | 서울시 성북구 안암로 9길 13(안암동 4가) 4층
출판등록 | 1993년 1월 7일(제307-2010-51호)
전화 | 925-5914 / 팩스 | 929-2285
홈페이지 | http://www.yemoon.com
이메일 | yemoonsw@empas.com

ISBN 978-89-7646-353-1 04980
ISBN 978-89-7646-348-7 (전6권) 04980
ⓒ 경상북도 2016 Printed in Seoul, Korea

값 22,000원

전통을 계승하고 세상을 비추다,
성주 완석정 이언영 종가

경북의 종가문화 연구진

연구책임자　　　　정우락(경북대 국문학과)

공동연구원　　　　황위주(경북대 한문학과)
　　　　　　　　　조재모(경북대 건축학부)

종가선정위원장　　황위주(경북대 한문학과)

종가선정위원　　　이수환(영남대 역사학과)
　　　　　　　　　홍원식(계명대 철학윤리학과)
　　　　　　　　　정명섭(경북대 건축학부)
　　　　　　　　　배영동(안동대 민속학과)
　　　　　　　　　이세동(경북대 중문학과)

종가연구팀　　　　이상민(영남문화연구원 연구원)
　　　　　　　　　김위경(영남문화연구원 연구원)
　　　　　　　　　최은주(영남문화연구원 연구원)
　　　　　　　　　이재현(영남문화연구원 연구원)
　　　　　　　　　김대중(영남문화연구원 연구보조원)
　　　　　　　　　전설련(영남문화연구원 연구보조원)

　　경상북도에서『경북의 종가문화』시리즈 발간사업을 시작한 이래, 그간 많은 분들의 노고에 힘입어 어느새 40권의 책자가 발간되었습니다. 본 사업은 더 늦기 전에 지역의 종가문화를 기록으로 남겨 후세에 전해야 한다는 절박함에서 시작되었습니다. 비로소 그 성과물이 하나하나 결실로 맺어져 지역을 대표하는 문화자산으로 자리 잡아가고 있어 300만 도민의 한 사람으로서 무척 보람되게 생각합니다.

　　올해는 경상북도 신청사가 안동 · 예천 지역으로 새로운 보금자리를 마련하여 이전한 역사적인 해입니다. 경북이 새롭게 도약하는 중요한 시기에 전통문화를 통해 우리의 정체성을 되짚어 보고, 앞으로 나아갈 방향을 모색해 보는 것은 매우 의미 있는 일이라고 생각합니다. 그 전통문화의 중심에는 종가宗家가 있습니다. 우리 도에는 240여 개소에 달하는 종가가 고유의 문화를 온전히 지켜오고 있어 우리나라 종가문화의 보고寶庫라고 해도 과언이 아닙니다.

　　하지만 최근 산업화와 종손 · 종부의 고령화 등으로 인해 종가문화는 급격히 훼손 · 소멸되고 있는 실정입니다. 이에 경상북도에서는 종가문화를 보존 · 활용하고 발전적으로 계승하기 위해 2009년부터 '종가문화 명품화 사업'을 추진해 오고 있습니다. 그간 체계적인 학술조사 및 연

3

구를 통해 관련 인프라를 구축하고, 명품 브랜드화 하는 등 향후 발전 가능성을 모색하기 위해 노력하고 있습니다.

경북대학교 영남문화연구원을 통해 2010년부터 추진하고 있는 『경북의 종가문화』 시리즈 발간도 이러한 사업의 일환입니다. 도내 종가를 대상으로 현재까지 『경북의 종가문화』 시리즈 40권을 발간하였으며, 발간 이후 관계문중은 물론 일반인들로부터 큰 호응을 얻고 있습니다. 이들 시리즈는 종가의 입지조건과 형성과정, 역사, 종가의 의례 및 생활문화, 건축문화, 종손과 종부의 일상과 가풍의 전승 등을 토대로 하여 일반인들이 쉽고 재미있게 읽을 수 있는 교양서 형태의 책자 및 영상물(DVD)로 제작되었습니다. 내용면에 있어서도 철저한 현장조사를 바탕으로 관련분야 전문가들이 각기 집필함으로써 종가별 특징을 부각시키고자 노력하였습니다.

이러한 노력으로, 금년에는 「안동 고성이씨 종가」, 「안동 정재 류치명 종가」, 「구미 구암 김취문 종가」, 「성주 완석정 이언영 종가」, 「예천 초간 권문해 종가」, 「현풍 한훤당 김굉필 종가」 등 6곳의 종가를 대상으로 시리즈 6권을 발간하게 되었습니다. 비록 시간과 예산상의 제약으로 말미암아 몇몇 종가에 한정하여 진행하고 있으나, 앞으로 도내 100개 종가를 목표로 연차 추진해 나갈 계획입니다. 종가관련 자료의 기록화를 통해 종가문화 보존 및 활용을 위한 기초자료를 제공함은 물론, 일반인들에게 우리 전통문화의 소중함과 우수성을 알리는 데 크게 도움이 될 것으로 확

신합니다.

　현 정부에서는 문화정책 기조로서 '문화융성' 을 표방하고 우리문화를 세계에 알리는 대표적 사례로서 종가문화에 주목하고 있으며, '창조경제' 의 핵심 아이콘으로서 전통문화의 가치가 새롭게 조명되고 있습니다. 그 바탕에는 수백 년 동안 종가문화를 올곧이 지켜온 종문宗門의 숨은 저력이 있었음을 깊이 되새기고, 이러한 정신이 경북의 혼으로 승화되어 세계적인 정신문화로 발전해 나가길 진심으로 바라는 바입니다.

　앞으로 경상북도에서는 종가문화에 대한 지속적인 조사ㆍ연구 추진과 더불어, 종가의 보존관리 및 활용방안을 모색하는데 적극 노력해 나갈 것을 약속드립니다. 이를 통해 전통문화를 소중히 지켜 오신 종손ㆍ종부님들의 자긍심을 고취시키고, 나아가 종가문화를 한국의 대표적인 고품격 한류韓流 자원으로 정착시키기 위해 더욱 힘써 나갈 계획입니다.

　끝으로 이 사업을 위해 애쓰신 정우락 경북대학교 영남문화연구원장님과 여러 연구원 여러분, 그리고 집필자 분들의 노고에 진심으로 감사드립니다. 아울러, 각별한 관심을 갖고 적극적으로 협조해 주신 종손ㆍ종부님께도 감사의 말씀을 드립니다.

2016년 3월　일

경상북도지사 김관용

경북 지방의 유명 종가들은 우리 전통사회와 전통문화의 표상이다. 사당을 비롯한 종가 건축, 정자와 묘소, 수많은 문헌과 서화 등의 값진 문화재 외에도 전통 유교 예법과 습속, 그리고 정신이 전국의 어느 지역에서보다 잘 보존되어 오고 있다. 필자의 고향인 울산만 해도 이렇게 훌륭한 문화유산은 그다지 많지 않다. 이는 이 지역의 앞선 세대들이 선조들의 정신을 잘 계승하고 그 유산들을 세심하게 관리해 왔기 때문이라고 할 수 있다. 이들을 잘 유지하여 후대에 물려주는 것이 바로 우리 세대가 해야 할 일이다.

필자는 산화山花 선생의 후예로 어려서부터 그 분에 대한 설화와 홈실의 전설을 들으며 자랐다. 그러한 이야기들 속에서 상상의 나래를 펴고 산수와 풍광이 어우러진 아름다운 마을을 꿈꾸었다. 이렇게 마음의 고향이 된 곳이어서 언제나 한번 다녀오고 싶은 마음이 간절하였으나 기회가 오지 않았다. 백수의 만년에 우연히 영남문화연구원의 종가 연구 사업에 참여하면서 비로소 홈실을 찾게 되었다. 차를 타고 성주 초전면의 평야를 지나 한참 산골짜기로 들어간 후에 갑자기 나타난 비탈진 마을에 처음으로 발을 내려놓았을 때 눈앞에 펼쳐진 광경은 마음속에 상상하던 것과 너무도 달랐다. 첩첩이 산으로 둘러싸인 좁은 골짜기가 너무나 가파르고 황량하게 보였다. 필자의 어릴 적 외가 동네도 두메산골에 있었으나 그 협곡 분지의 폭은 오히려 홈실보다는 넓었다. 이러한 좁은 곳에 사람들이 살고 있다는 것마저도 기괴하게 생각되었다. 이곳이 그 유명한 홈실이라니, 눈을 의심하지 않을 수가 없었다.

오랫동안 조선시대 양반 사회를 연구하고 전국의 명문 집성촌들을 답사하면서 갖게 된 고정관념에 의하면 가장 이상적인 사대부 집성촌의 모습은 경주 양동 마을과 같은 것이었다. 배산임수背山臨水의 아늑한 자연 환경에다 상당한 평야를 끼고 있으며 수리가 발달해야 하는 것이다. 경제적인 기반을 확보하지 않으면 학문도 과거 공부도 쉽지 않고 양반으로서의 체통을 유지할 만한 생활도 어렵기 때문이다. 그런데 처음 본 홈실 마을의 풍경은 거의 상상을 초월하는 것이어서, 도무지 사대부가의 집성촌이 되기에 맞지 않은 것이다. 아무리 가난한 서민들이라도 이 골짜기에서 몇 집이나 살 수 있을까 싶었다.

홈실의 산화 선생이라도 혼자서 밭을 일구며 글을 읽고 살았겠는가. 몇 번 홈실을 왕래하면서 비로소 해답을 얻게 되었다. 그것은 비옥한 초전 평야였다. 사실 홈실은 꽉 막힌 좁은 분지이지만, 그 골짜기에서 조금 나오면 넓은 들판이 전개되고 그 중심에 있는 초전 읍내까지는 5~6km에 불과한 것이다. 후에 알게 된 사실이지만, 홈실의 벽진이씨 일가들 중에는 대대로 초전 들판에서 1,000석이 넘는 수확을 가진 집안도 있었다. 그런데 왜 하필 가파르고 좁은 골짜기에 집성촌을 이루어 살게 된 것일까? 그것은 전란이 끊임없이 일어났던 고려시대에 형성된 마을이기 때문이다. 외적으로부터 방어에 절대적으로 유리한 자연 요새 속에 삶의 기반을 두고 근거리의 비옥한 경작지를 전호들을 시켜 경작하게 하는 것은 호족들에게는 어렵지 않은 일이었다. 그래서 홈실의 전설이 시작된 것이다.

홈실의 역사는 극적이다. 조선왕조 개창 직후의 15세기 초에 폭우와 산사태로 인한 자연 재앙이 겹쳐 사람들은 홈실을 떠나갔다. 그 무렵 서울의 신왕조에 진출하여 승승장구하던 산화 선생의 후손들은 뿔뿔이 흩어져 인근 여러 고을로 이주하게 되었다. 그 후에 다른 성씨의 사람들이 조금씩 이 마을에 들어와 살게 되었으나 예전의 명성은 찾기 어려웠다.

홈실에 일대 변화가 일어나게 된 것은 1622년(광해군 14)에 벼슬에서 물러나 있던 완석정浣石亭 이언영李彦英이 풍수를 대동하여 산화 선생의 옛 터를 찾아 홈실을 방문하면서부터였다. 당시에 저명한 풍수였던 두사충杜思忠은 홈실의 지형을 장군패검형將軍佩劍形이라 하여 성주 최고의 길지로 평하였다. 이에 완석정 자신은 이곳으로 입거하지 않았으나 자손과 친척들이 들어와 살도록 추천하였고, 이때부터 벽진이씨의 집성촌으로 발전하게 되었던 것이다.

풍수의 설은 예로부터 알기 어렵지만, 아무리 좋은 명당이라 하더라도 땅이 인재를 만들겠는가! 그 땅에서 배출된 인물들이 있어야 비로소 명당이란 이름이 생기게 되는 것이다. 땅이 사람을 만드는 것이 아니라 사람이 땅을 만드는 것이다. 홈실이 명당이 된 것은 첫째는 산화 선생 때문이고, 둘째는 완석정 선생 때문이며, 셋째는 면와勉窩 이덕후李德厚 선생 일가 때문이고, 넷째는 벽계碧溪 이인기李寅基 총장 때문이며, 다섯째는 이석채李錫采 장관을 비롯한 수많은 인재들 때문이다. 이들이 바로 오늘의 홈실이 있게 한 분들이다.

홈실의 전설 중심에는 300여 년을 이어온 완석정종가가 있었다. 오늘날 5,000여 명 이상으로 불어난 완석정 후손들의 왕성한 활동 뒤에는 언제나 흔들리지 않고 명문가의 법도와 예절을 지키며 종족을 거두어 온 종가의 훌륭한 전통이 있었다. 홈실의 완석정종가야말로 모든 종인들의 표상이 되고 귀의처가 되어 온 것이다.

이 책에서는 완석정 선생과 종가에 관한 자료들을 정리하고 그 정신을 조금이라도 찾아보고자 하였다. 이 작은 결과가 경북 지역 종가 문화의 계승 발전과 창달에 작은 도움이 되기를 바란다.

이영춘

차례

제1장 성주 홈실 마을의 지리적 환경

홈실은 벽진이씨碧珍李氏의 세거지 중에서 가장 유래가 오래된 집성촌이다. 벽리의 양대 계파인 산화공파와 대장군파의 자손은 물론이고, 금능공파의 자손들도 이곳에서 분파하여 출향하였다. 현재 홈실에는 산화 선생을 제향하는 문곡서원汶谷書院과 완정고택浣亭古宅을 비롯하여 많은 유적들이 남아 있다. 1996년 병자보丙子譜의 벽진이씨 인구통계에 의하면 산화공파 43,491명, 대장군파 35,431명, 금능공파 1,814명, 문정공파 3,054명 등 총 83,790명이고, 북한이나 외국거주 또는 족보에서 누락된 이들을 포함하면 약 10만명 정도로 추정된다. 명곡은 벽진이씨 10만 명의 고향이란 점에서 전국에서 보기 드문 마을이라 하겠다.

효종 연간에 이루어진 초간본 『임진대동보壬辰大同譜』에서 충숙공忠肅公 이상길李尙吉이 쓴 서문을 보면 "벽진은 성주 서쪽으로 10리쯤에 있는데, 바로 지금의 홈실이다[碧珍在星州之西十里許, 卽今檜谷也]."라고 하였다. 그러나 이는 수촌樹村과 홈실을 아울러 말한 것으로 보인다. 성주목 읍지 방리조坊里條의 유곡酉谷 설명에 "이곳은 성주에서 30리에 있는데, 북으로는 계령 경계의 명곡촌檜谷村에 접하고 있으니, 이견간과 이희경의 고택이 있다."라고 하였다. 이는 고려 때 산화 선생의 집이 명곡에 있었음을 말하는 것이다. 옛 벽진군의 관할 구역은 그 실상을 정확히 알 수 없지만, 옛 지도를 참조하면 적어도 이천伊川의 상류를 끼고 있는 지금의 명곡과 명암방 수촌은 서로 인접하여 있었고, 그것이 벽진 장군의 통치 영역에 속했음을 알 수 있다. 이곳에 장군의 7세손인 상호군 이방화李芳華가 새로이 삶의 터를 잡아 근 900년간 벽진이씨 일족이 세거해 왔다.

1. 홈실의 자연 환경

　　일제시기에 확정된 행정 구역으로 성주군 초전면草田面 월곡月谷 1리 북위 36° 00, 동경 128° 14에 속하는 이 마을은 원래 '홈실'로 불렸는데, 한자로는 '명곡榆谷'이라고 표현하였다. 초전면은 성주군星州郡(동경 128° 02′~128° 24′, 북위 35° 41′~36° 03)의 최북단에 있으며 김천시 남면과 경계를 이루고 있다. 홈실은 읍내에서 북쪽으로 약 20km 정도 떨어진 산골짜기 마을이다. 면 소재지인 초전에서는 북서쪽으로 5km 정도 떨어져 있으며, 벽진이씨의 발상지라고 알려져 있는 벽진면 수촌리에서는 북쪽으로 8km 정도 떨어진 곳이다. 또한 김천시金泉市 중심지로부터 40km 정도 남쪽에 있다. 성주-벽진-홈실-김천은 남북으로 거의 일직선상에

백양산

봉악산

곡성산

있으며, 913번 지방도(벽소로)로 연결되어 있다.

　이 마을의 서북쪽에는 백양산白陽山이 있는데, 한 갈래가 동남쪽으로 이어져 봉악산鳳岳山 또는 오봉산五峰山이 되고 서남쪽으로 이어져 곡성산穀城山이 된다. 이 세 산을 축으로 하는 산맥들은 상당히 높고 가파르다. 이 두 줄기의 산맥 사이에 좁고 긴 골짜기가 동남쪽으로 흐르는데 그 중간 부분에 V자 형의 작은 분지가 형성되어 있다. 이 V자 형 분지의 하단은 골짜기가 다시 좁아져 동구를 이루고 있으며 작은 야산(고산리 뒤 산)이 막아 서 있다. 동남쪽으로 흐르는 골짜기의 하단은 일종의 선상지를 이루고 있는데, V자 형의 두 골짜기에서 내려오는 물길이 합치는 곳이며 폭우 때 토사와 암석들이 홍수를 타고 쏟아져 내려와 쌓이는 곳이다. 그러나 지금은 조림이 잘 되어 있고 1980년대에 동구의 계곡을 막아 큰 저수지(월곡 저수지)를 축조하였기 때문에 홍수의 위험은 없는 편이다. 이 동구를 나서면 동남쪽으로 초전면의 넓은 들판이 나온다.

두 갈래의 골짜기를 따라 흘러내리는 물은 제천濟川이라는 작은 내를 이루고 있다. 우기에는 두 골짜기의 물이 합치기 때문에 수량이 적지 않고 지세가 가파르기 때문에 홍수가 일어나기 쉽다. 그러나 폭우가 지나면 물은 급격히 빠져 내는 건천이 되고, 고인 물이 없기 때문에 이 지역은 수자원이 극히 빈약하다. 제천의 양쪽을 따라 약간의 논이 있고, 산비탈에 밭이 개간되어 있지만 그 면적은 많지 않다. 따라서 이들 경작지는 약 60여 가구 주민들의 식량을 공급하기에도 부족한 실정이다. 거기다 수자원이 적었으므로 농경에는 극히 불리한 여건이다. 그러나 동구를 나서면 초전의 큰 들판이 있기 때문에 마을의 몇몇 유력가들은 그 들판에 많은 전답을 소유하기도 하였다.

이 골짜기 분지 양쪽에 여기저기 소규모 자연마을들이 흩어져 취락을 이루고 있다. 홈실은 이 골짜기의 5개 자연 마을들을 합쳐서 부르는 이름이다. 5개의 자연 마을은 안골[內谷], 담뒤[濟南], 뒷뫼[陶山], 새뜸[新溪], 배나무골[梨洞] 등으로 불리고 있다. 서북

월곡저수지에서 본 홈실 마을

쪽에서 동남쪽으로 흐르는 개울은 제천濟川이라고 부르는데, 수량이 많지 않아 보통 때는 건천乾川과 같다. 그 남쪽에 담뒤 1개마을이 있고, 기타 4개 마을은 제천의 북동쪽에 분포되어 있다. 담뒤의 제천 건너편에 마주보고 있는 큰 마을이 안골이며 홈실의 중앙 부분을 차지하고 있다. 안골의 북쪽 300여 미터쯤에 뒷뫼가 있고, 동남쪽 500여 미터에 배나무골이 있으며, 북동쪽 500여 미터에 새뜸이 있다.

전통 풍수로 말하면 백양산이 주산主山이 되고, 봉악산 줄기가 청룡靑龍이 되며, 곡성산 줄기가 백호白虎가 된다. 그리고 동구에 있는 고산리 뒤 작은 야산이 안산이라고 할 수 있다. 혈점에 해당하는 곳이 뒷뫼와 안골이며 새뜸과 배나무골은 청룡 자락, 담뒤는 백호 자락이라고 할 수 있다. 제천은 긴 칼과 같은 모양을 하고 있어 예로부터 장군패검형將軍佩劍形 형국이라고 불러 왔다. 그러나 국면이 워낙 좁고 또 외지와 차단되어 있어 은자隱者가 숨어 살거나 전란의 시대에 피난지로 적당할 것 같으며, 큰 마을로 발전할 만한 여지는 없다. 그러나 동구를 나서면 초전의 광활한 들판이 있어 이를 경제적 기반으로 삼을 수 있을 것이다.

홈실은 인근의 달밭(月田), 소야韶野의 진밭, 김천 남면南面의 선밭과 함께 예로부터 삼재三災가 들지 않은 피병지避兵地로 널리 알려져 있다. 문중에서 구전된 전문에 의하면 시조의 7세인 이방화李芳華가 세거하던 벽진면 수촌리에서 홈실로 근거지를 옮길 때 귀화한 중국 풍수가를 불러 이곳의 지세를 보게 하였는데, 그의 평은 이러하였다. "이 마을에는 대대로 경상卿相이 나고, 장래에는 5형제의 고관이 태어날 곳이다. 그러나 만약 중세에 운이 쇠하면 천지天池의 북쪽에 있는 달마산록達磨山麓에 폭우가 쏟아져 천지가 붕괴 매몰 되고 마을의 닭과 개 그리고 소와 말이 죽고, 이어 그 화가 사람에게까지 미칠 것이다. 타 지역으로 이사하지 않으면 그 화를 면하지 못 할 것이다."라고 예언하였다고 한다. 이는 술가術家의 말을 빌려 홈실의 지세를 설명한 것이다. 즉 마을의 뒷산인 백양산과 청룡 백호를 이루고 있는 봉악산과 곡성산은 높기도 하지만 너무나 가팔라서, 우기에는 그 골짜기에서 내려오는 수량이 만만치 않다. 벽진이씨가 이곳에 입향하던 당시 터를 잡은 곳은 현재의 백양산 자락의 불탄등에 있었는데, 이곳은 홈실의 위쪽으로 지세가 높으며 계곡에 인접해 있었다. 따라서 조선 초기인 14세기 초에 큰 홍수를 맞아 마을 전체가 매몰되고 버려지게 되었다. 중국 풍수가의 설화는 이러한 사정을 반영한 것이라고 할 수 있다.

2. 홈실의 인문지리 환경

홈실은 제천을 중심으로 한 골짜기 분지의 양쪽으로 5개의
소규모 자연 마을들이 여기저기 분포되어 있다. 안골[內谷], 담뒤
[濟南], 뒷뫼[陶山], 새뜸[新溪], 배나무골[梨洞] 등이 그것이다. 이 다섯
마을을 합친 홈실의 전체 가구 수는 한때 70여 호, 인구는 350여
명에 달했으나, 현재는 도시로 이주한 가구가 많아 60여 호에 인
구는 100여 명도 되지 않는다. 이들 중에 가구의 80%에 해당하는
50여 호가 벽진이씨 일족들이므로 동족 마을이라고 할 수 있다.
대부분의 가구는 소규모의 농사를 짓거나 축산을 하고 있으며,
외지의 직장으로 출퇴근하는 사람들도 있다. 현재는 주민 가족
들이 모두 도시에 이주하여 비어 있는 집도 적지 않다.

소류지

월곡지

초전 평야

　홈실은 현대의 인문지리적 관점에서 보자면 거의 사람이 살
곳이 못된다고 할 수 있다. 사면이 산으로 둘러싸인 골짜기 하단
선상지扇狀地 형의 작은 분지로 경작지가 거의 없는데 척박하기
까지 하다. 그나마 지세가 가팔라 우기에는 홍수로 급류가 쏟아
져서 주거나 농경에 위험하고 또 건기에는 물이 메말라 농사짓기
에 부적합하다. 따라서 마을 자체는 경제적으로 자립하기 어려
울 정도이다. 또 골짜기가 외지고 산으로 가려져 있어 교통이 극
히 불편하다. 그러나 후대에는 곡성산 자락에 제천상류를 막아
작은 저수지(소류지)를 만들었고, 일제강점기 때는 오봉산 북쪽 골

짜기에 저수지를 축조하였으며, 1980년대에는 동구 아래에 대규모의 월곡지月谷池를 건설하여 수량이 넉넉한 편이다.

홈실은 좁은 동구를 나서면 초전면의 광활하고 비옥한 들판이 있어 이를 경제적 터전으로 활용할 수 있다. 마을에서 들판까지는 불과 2~3km에 지나지 않는다. 실제로 19세기 전까지는 홈실의 몇몇 유력 집안이 초전 들판에 많은 경작지를 가진 지주가 되어 몇 백 년씩 부를 유지할 수 있었다. 따라서 홈실 마을의 경제적 토대는 초전 들판에 있었다고 할 수 있다. 그렇다면 벽진이씨의 초기 이주자들은 왜 비옥한 들판을 버리고 척박하고 협소한 골짜기에 터전을 잡게 되었을까?

홈실은 동서남북이 산으로 막힌 골짜기 분지이기 때문에 전통시대에 군사 요새지로 적합하였다. 마을의 유일한 통로라고 할 수 있는 동남쪽의 입구에 군사 시설이 있었는지는 조사되지 않았지만, 이곳만 제대로 지킨다면 마을은 철통같은 요새가 될 수 있었다. 벽진이씨는 시조의 7세에 해당하는 이방화가 12세기 말 13세기 초 무렵에 근거지를 벽진면 수촌리에서 이곳 홈실로 옮긴 것으로 되어 있다. 이 무렵에는 고려 중앙 정부의 호족 억제 정책이 완결 단계에 있었으므로 대대로 벽진장군 직을 계승하였던 벽진이씨도 더 이상 평지에서 버티지 못하고 이 산골짜기로 물러난 것으로 생각된다. 외부와 차단된 이곳으로 숨어들어 자취를 감추었다고 할 수 있다. 그들은 원래 군사적 소양을 가진 호족이었으므로 근거지의 제일 조건으로 방어에 적합한 지형을 고려했을 것이다. 그리고 코 앞에 비옥하고 넓은 들판이 있었으므로 경제적 기초도 충분하였을 것이다. 그래서 비록 호족으로서는 실세하였지만 이 지역의 촌주 또는 향리로서 주민들을 지배할 수 있었던 것으로 생각된다.

전통 풍수학에서 홈실을 성주 지역 최고의 명당으로 꼽은 것은 평소의 인문지리적 생활 여건 때문이 아니라 전란에 대피할 수 있는 피병지避兵地로서의 기능 때문이었을 것이다. 고려시대와 같이 전란과 반란이 잦았던 시대에는 더욱 그러한 기능이 중시되었을 것이다. 홈실은 이러한 요새지나 은둔지로써 매우 적합하였고, 또 큰 들판을 끼고 있어 경제적 수요에도 충분히 부응할 수 있는 곳이었다. 이는 고려 초기에 형성된 취락의 특성이라고 할 수 있으며, 사회가 안정된 조선시대의 취락이 배산임수背山臨水의 넓은 개활지에 형성된 것과 다른 점이다.

홈실은 5개 자연 마을들이 모두 배산임수의 지형에 자리잡고 있어, 산자수명山紫水明한 시골 마을이라고 할 수 있다. 홈실은 예로부터 '인재의 보고'로 소문났지만, 그것이 풍수지리상의 명당 때문이라고 할 수는 없을 것이다. 홈실에 터전을 두었던 벽진 이씨 산화공파는 고려 초기부터 중앙 관료로 진출하여 대대로 벼슬을 하였기 때문에 문음門蔭의 혜택을 받을 수 있었고, 관료 생활의 기반이 개성이나 서울에 있었기 때문에 좋은 교육을 받을 수 있었다. 특히 원나라와의 문화적 교류가 활발해지면서 일찍 부터 성리학을 수용하여 사대부 가문으로 성장할 수 있었다. 완 석정 집안의 경우에는 17세기 숙종肅宗 때까지 서울 어의동於義洞 (현재의 소공동 한국은행 부근)에 사제私第를 유지하고 있었다.

그 때문에 첨단 학문이나 과거에 대한 정보를 접하기 쉬웠으 므로 대소과에 급제하여 벼슬한 사람들이 많았다. 그러나 숙종 중기 이후에는 남인이 몰락하고 서인들이 정권을 전담하였으므 로 서울에서 물러나 향리에 은거할 수밖에 없었다. 영조 대 이후 에도 간간이 급제하여 벼슬에 나아간 인물들이 있기는 하였지만, 극소수에 지나지 않았다. 양반들은 3~4대 정도 벼슬에 나가지 못 하면 경제적으로 궁핍하여 몰락하기 마련이다. 특히 홈실에 정 착하였던 벽진이씨 일가는 몇몇 집을 제외하면 극도로 궁핍에 시 달렸지만, 학문을 포기하지 않았다. 그것이 가능했던 것은 집안 에 학자들이 많았기 때문에 자제들을 가르치고 후속 세대를 계속 양성할 수 있었기 때문이다.

척박한 농촌에서 단련된 홈실 사람들의 인내심과 자립정신 이 객지에서 어려운 환경을 잘 극복할 수 있는 원동력이 되었다. 고난을 오히려 좋은 경험으로 여기고 발전의 기회로 선용할 줄 알았던 슬기로운 삶의 지혜가 자신의 성공과 후손들의 교육을 가 능하게 했던 것으로 생각된다. 그 결과 홈실 출신들 중에는 명현 석학, 이름난 선비, 충신, 애국지사, 대학교 총 학장, 교수, 박사,

교장, 판 검사, 변호사 등의 법조인, 국회의원, 장관, 청장 등 고위 관료와 외교관, 의사, 군 장성, 금융인, 과학자, 언론인, 대기업 임원, 중견공무원 그리고 성실한 자영업자 등으로 성공한 사람들이 많았다.

또한 광복직후와 6·25 혼란기에 좌·우의 이념 대립 등으로 인해 희생된 분들이 있기는 하였지만, 일제강점기의 학병이나 징용, 6·25전쟁 때의 징병으로 출정하였던 많은 동네 청년들이 한 사람의 희생자도 없이 건강한 몸으로 무사히 귀향하였다. 이를 두고 마을사람들은 조상의 음덕과 명당 풍수의 덕을 입은 것이라고 여기고 있다. 홈실은 옛적부터 예절과 풍속이 순후하고 인심이 넉넉하기로 소문난 마을이었다. 모두가 가난하고 어렵던 시절에 문전걸식하는 사람들에게도 밥과 반찬을 따로 담아 소반에 받쳐 주었다. 또한 마을의 길흉사 때는 기쁨과 슬픔을 함께 하면서 신분이나 빈부를 가리지 않고 상부상조하는 전통을 가지고 있었다. 이러한 아름다운 풍속과 예절이 후속세대의 성장에 큰 영향을 끼쳐 건전하고 모범적인 성품과 생활태도를 가지게 한 것으로 여겨진다.

3. 홈실의 마을 구성

　　이상과 같이 다섯 개의 자연마을 약 70개 가구로 구성된 홈실에는 현재 벽진이씨가 50여 집, 창녕성씨가 15집, 기타 성산이씨, 성주이씨, 문화유씨, 야성송씨 등이 각 1~3집 정도 섞여 있다. 최근에는 월곡 저수지 주변과 산자락에 외지인들이 대여섯 집 정도 전원주택이나 별장을 지어 들어와 있지만, 마을 사람들과는 별로 왕래가 없는 편이다. 전체적으로 보면 홈실은 벽진이씨 동족 마을이라고 할 수 있지만, 배나무골은 창녕성씨들이 작은 동족 마을을 이루고 있다. 이 마을에 사는 벽진이씨들은 산화공파의 다섯 지파 중에서 첫째 집인 정헌공파正獻公派의 모암공慕巖公 자손들과 셋째 집인 감무공파監務公派의 완석정 자손들이 대부분을 차지하고 있다. 마을 별 개황을 소개하면 아래와 같다.

1) 담뒤[濟南]

제남은 홈실 계곡의 중앙을 흐르는 제친濟川의 남쪽에 있다 하여 그렇게 명명된 것이다. 마을은 전체적으로 동남향으로 자리 잡고 있는데, 뒤쪽에는 곡성산의 한 갈래인 남산이 오뚝 솟아 있고, 앞쪽에는 제천 건너 오봉산五峰山, 또는 봉악산이 솟아 있다. 제남은 규모는 작지만 전형적인 배산임수의 풍수형국을 이루고 있다. 곡성산과 남산의 정맥을 이은 곳에 완정고택浣亭古宅

제남 마을

완정고택 전경

이 자리 잡고 있고, 그 옆에 제강서당濟岡書堂이 있다. 그리고 그 앞으로 10여 호의 민가가 분포되어 있다. 남산의 지맥은 제천을 따라 골짜기 한가운데로 길게 뻗어 내려와 있는데, 이는 마치 장군이 검劍을 앞에 놓고 걸터앉은 형국 즉 '장군대좌형將軍大坐形' 또는 '장군패검형將軍佩劍形'의 길지로 알려지고 있다. 현재는 913번 지방도(벽소로)가 크게 나면서 옛 지형이 많이 허물어져 풍수지리의 원형이 많이 훼손되었다. 완정고택에는 완석정浣石亭 이언영李彦英 종가의 종택宗宅과 사당祠堂이 있다. 주민들도 대부분 벽진이씨 일족이다.

내곡 마을 전경

2) 안골[內谷]

홈실의 중앙에 있는 이 큰 마을은 백양산의 주맥이 좌우로 굽어지며 내려오다가 그 하단에 솟아 오른 남산南山 자락에 자리 잡고 있다. 안골의 중앙에는 벽진이씨 정헌공파의 재실이 있다. 가구 수는 20여 호가 되며, 홈실에서 가장 큰 자연 마을이다.

3) 뒷뫼[陶山]

도산 마을은 안골 뒤편 300여 미터 떨어진 오붓한 골짜기에 있다. 홈실의 뒷산 속에 있다 하여 그렇게 이름을 붙인 것으로 생각된다. 도산 역시 백양산의 작은 지맥들 사이에 숨어 있는 마을로 그 앞에 작은 시내가 흐르고 있으며, 동남쪽 맞은편에 오봉산을 바라보고 있다. 역시 배산임수의 풍수형국을 이루고 있으며 홈실의 다른 마을들과 달리 비교적 평탄한 지대 위에 15개 호의 가옥들이 밀접하게 배치되어 있다. 마을의 중앙 지점에 산화山花 이견간李堅幹 선생을 제향하는 문곡서원汶谷書院이 자리잡고 있다. 마을 입구에는 913번 지방도(벽소로)가 지나가고 있다.

4) 샛뜸[新溪]

홈실의 가장 동북쪽에 위치한 신계는 가구가 5~6호에 불과한 작은 마을이다. 새로 개척된 골짜기 마을이라 하여 그렇게 명명되었다. 이 마을은 동편 봉악산, 오봉산 자락에 의지하여 서남향에 있는 남산을 바라보고 있다.

도산 마을 전경

문곡서원 전경

새뜸 마을

배나무골 마을

5) 배나무골[梨洞]

배나무골은 홈실의 동남쪽에 있으며, 동구에서 들어오면 오른편 첫 번째 마을이다. 15호 정도의 민가가 오봉산 자락에 길게 늘어서 있으며 서남향으로 안골과 담뒤를 바라보고 있다. 마을 앞으로 제천이 흐르고 있어 역시 배산임수의 지형이라고 할 수는 있지만 오붓하지는 않다. 예전에 동네 뒤편으로 배나무가 무성하게 자라고 있어 배나무골이라 하였다. 현재는 동네 앞으로 913번 지방도가 크게 나 있는데, 예전에는 이 길을 따라 김천까지 작은길이 나 있어 통경대로通京大路라 하였다. 지금은 대부분 큰길에 묻혀버리고 군데군데 작은 흔적들이 남아있다. 이곳에는 주민의 대다수가 창녕성씨 일족이고, 그들의 종당인 창성당昌成堂이 있다. 이 마을에 벽진이씨는 1~2집이 섞여 있을 뿐이다.

제2장 홈실 벽진이씨의 역사

1. 벽진이씨의 연원과 갈래

경북 성주를 본관으로 하는 이씨는 성주이씨星州李氏, 벽진이씨碧珍李氏, 성산이씨聖山李氏, 광평이씨廣平李氏, 경산이씨京山李氏, 가리이씨加利李氏 등 6개 성씨가 있다. 성주이씨는 통일신라 말에 경주에서 벼슬하다가 성주로 은둔한 이순유李純由를 시조로 하고 고려 중기 이 지역 호장이었던 이장경李長庚을 중시조로 하며 현재 인구는 약 186,000명이다. 벽진이씨는 나말여초의 호족이었던 벽진장군碧珍將軍 이총언李悤言(858-938)을 시조로 하며 인구는 현재 약 92,000명이다. 성산이씨는 고려 초기 성산현백聖山縣伯에 봉해졌던 이능일李能一을 시조로 하며, 현재 인구는 약 65,000명이다. 광평이씨는 고려 후기에 동정同正을 지낸 이무재李茂才를 시조로 하며 현재 인구는 약 14,000명이다. 경산이씨는 고려 중기에 부정副正을 지낸 이덕부李德富를 시조로 하며, 현재 인구는 약 8,000명이다. 가리이씨는 고려 후기에 전중어사殿中御史를 지낸 이승휴李承休를 시조로 하며 현재 인구는 약 2,000명이다.

이들 6개 성씨는 조선 정조대 이전까지는 모두 성주를 본관으로 하였으나, 조선후기에 족보 편찬이 활발해지면서 씨족의 정체성을 확립하기 위하여 소그룹 별로 관향을 달리 칭하게 된 것으로 보인다. 확실하지는 않지만, 이들은 경주 알천閼川 양산촌楊山村의 족장 알평謁平을 시조로 하는 경주이씨의 분파라고 할 수 있으며 통일신라 후기에 성주에 입향 했을 것으로 추측된다.

벽진장군 이총언은 통일신라 말에서 고려 초까지 벽진군碧珍郡의 호족이었다. 호족豪族은 통일신라 말기에 왕권쟁탈전으로 중앙의 통제력이 약화되면서 전국 각지에서 발호하게 된 지방 세력들을 말한다. 이들 중에는 중앙에서 몰락하여 지방으로 물러난 귀족과 관료 및 일부 비적 출신들도 있었지만, 대부분은 지방의 유력한 촌장村長 계층에서 성장한 세력들이었다. 그들은 사회가 혼란해진 틈을 타고 독자적인 세력을 형성하여 각 지역에 할거하여 군사력과 행정권을 장악하게 되었다. 그들은 자칭 성주城主나 장군將軍을 칭하였는데, 벽진장군 이총언도 성주 지역의 유력한 호족이었다.

완석정의 고증에 의하면 시조 벽진장군 이총언의 근거지는

벽진면 수촌리 경수당 벽진이씨 발상지 표지석

성주의 천곡원川谷院 하촌下村이라고 하였다. 이는 현재의 성주군
벽진면 수촌리樹村里로서 벽진이씨의 발상지라고 할 수 있다. 삼
국시대 6가야伽倻의 하나인 성산가야星山加耶는 벽진가야碧珍加耶
라고도 하였다. 후에 신라가 이를 정벌하여 본피현本彼縣으로 개
칭하였다가 경덕왕 때 신안현新安縣으로 고쳐 성산군星山郡 아래
에 두었다. 그 후 벽진군으로 고쳤다가 고려 940년(태조 23) 벽진
장군 이총언의 공로로 인해 경산부로 승격되었다. 후에 광평군廣
平郡, 대주岱州 등으로 강등되었다가 1308년에 성주목星州牧으로
승격되었다. 현재는 성주군 벽진면으로 지명을 유지하고 있다.

벽진은 대읍大邑이라는 뜻으로 이 곳은 하천 유역 분지평야로 전 근대 도시의 발달에 알맞은 곳이다.

벽진장군의 윗대 세계는 문헌에 기록되어 있지 않지만, 현재의 벽진면 일대에 세거하였던 유력한 촌주村主 혹은 호족이었을 것으로 생각된다. 『고려사』에 의하면, 이총언은 신라 말의 혼란기에 이 지역의 군사·통치권을 장악하여 치안 유지에 힘씀으로서 백성들을 편안하게 하여 명성이 있었다. 왕건王建이 고려를 건국한 뒤에 그에게 사람을 보내어 마음과 힘을 같이하여 화란을 평정할 것을 호소하자, 그는 여기에 호응하여 아들 영永을 보내어 군사를 거느리고 후백제와의 전쟁에 참여하도록 하였다.

왕건은 그 공로를 포상하여 이영을 대광大匡 사도귀思道貴의 딸과 결혼시켰는데, 일설에는 그를 자신의 부마로 삼았다고 한다. 그를 벽진군 장군에 임명하여 이웃 고을의 정호丁戶 229호를 더 내려주었다. 또 충주·원주·광주廣州·죽주竹州·제주堤州의 창고 곡식 2,200석과 소금 1,785석을 하사하여 후하게 은사恩賜를 내렸다. 왕건은 또 글을 보내어 "자손에 이르기까지 고마운 마음을 변하지 않겠다."라는 굳은 맹세까지 하였다. 이총언은 이에 감격하여 군사를 훈련시키고 양식을 저축하여 고립된 성을 지키며, 신라와 후백제의 전쟁기에 고려의 동남쪽 후원세력이 되어 후삼국 통일에 기여하였다. 조정에서 '개국원훈開國元勳 삼중대광三重大匡 벽진장군碧珍將軍'에 봉하였다.

성주군 벽진면 수촌리 756-1에 있는 경수당敬收堂은 벽진 이씨의 종당宗堂으로서, 원래는 시조공인 이총언 장군의 단소壇所 인근에 세웠던 재사齋舍였으나, 후에 단소를 구내에 이설하고 사 우祠宇를 증설하여 서원書院과 같은 기능을 가지게 되었다. 벽진 장군의 단소는 1770년(영조 46)에 처음으로 인근 매적산 동쪽 기슭 에 설치되었고, 재사는 1826년(순조 26) 현재의 자리에 건립되어 경수당이라 칭하였다. 1864년에 이곳에 장군의 유허비를 세웠 고, 1878년에 영봉산 남쪽으로 이설하였던 단소를 1881년(고종 18) 에 다시 경수당 구내 유허비 옆으로 이설하였다.

1886년(고종 23) 후손인 참판 용화龍和가 성주목사로 있을 때 부지를 확장하고 부속 건물들을 증축하였고, 1918년에 재사를 중 창하여 "경수당敬收堂"이라는 편액을 걸었다. 1930년에는 단소에 서 지내던 장군의 제사를 재각齋閣에서 지내기로 하면서, 2세조 에서 10세조까지 10분의 선조에 대한 제사를 아울러 지내게 되 었다.

1963년에 경수당을 보수하였고, 1966년에는 유허비遺墟碑를 세웠으며, 1974년에 화서華西 이항로李恒老 선생의 「벽진장군사실 기」를 비문으로하여 벽진장군사적비碧珍將軍史蹟碑를 세웠고, 1989년에는 사우인 비현사丕顯祠(시조 봉안)와 세덕사世德祠(2-10세 조 12위 선조 봉안)를 세워 선조들의 신위를 봉안하였다. 1999년에 는 동재東齋(養正齋)와 서재西齋(勤誠齋) 및 전사청典祀廳을 신축하여

현재와 같은 규모를 가지게 되었다. 경수당의 제향 규례에는 2월 중정中丁의 춘향春享에는 비현사의 시조공만을 제사하고, 10월 3일의 추향秋享에는 시조와 세덕사의 선조들을 모두 제사하고 있다.

　벽진이씨는 나말여초의 호족이었던 벽진장군 이총언과 그의 차자였던 이영李永이 왕건의 후삼국 통일에 협조하여 유력 지방 세력이 되었고, 그의 후손들이 일찍 중앙 관료로 진출하면서 문벌이 형성되었다. 이들은 성주군 벽진면 일대에 근거를 두었고, 후에 초전면 등지로 이주하였다가 칠곡, 선산, 밀양 등지로 확산되어 나간 것으로 생각된다. 벽진이씨는 시조의 10세손인 산화공山花公 이견간李堅幹, 수문관 대제학과 이성간李成幹, 대장군 형제의 후손들에 의해 산화공파와 대장군파의 주요 2파로 갈라지게 된다.

2. 벽진이씨의 홈실 입향과 산화山花 선생

1) 벽진이씨와 홈실 마을

홈실[檜谷] 마을은 외지와 차단되어 있어 은자隱者가 숨어 살거나 전란의 시대에 피난지로 적당할 것 같으며, 큰 마을로 발전할 만한 여지는 없다. 그러나 동구를 나서면 초전의 광활한 들판이 있어 이를 경제적 기반으로 삼을 수 있을 것이다. 벽진과 명곡은 50리 정도 떨어진 근거리였고, 입향 당시까지도 고려에는 호족들의 대립, 거란족의 침입, 무신난武臣亂, 천민賤民의 난 등 전란이 빈번하여 장래의 병화兵禍로부터 가문을 지키고 가세를 보다 융성하게 하기 위한 은둔지로서 홈실을 선택하였던 것으로 추측된다.

홈실이라는 마을 이름에는 유래가 있다. 벽진장군의 11세손이며 방화芳華의 현손玄孫으로 고려 후기에 대제학을 지낸 산화 이견간李堅幹은 1317년 고려 충숙왕 4년에 원나라에 사신으로 갔다. 인종仁宗 황제가 그의 문장과 풍채에 탄복하여 고향을 묻고 지세도地勢圖를 그려 보이게 하였다. 그가 마을의 약도를 그려 보이고 방음方音으로 호음실戶音谷이라 한다고 응대하였다. 황제가 그 지세도를 보고 명지名地라고 극찬하고 명곡榆谷이라는 이름을 하사하였다고 한다. 이는 마을이 명당이기는 하나 물이 부족할 것이므로 백양산 북쪽 걸수산乞水山[星山] 또는 백마산白馬山의 물을 나무 홈통으로 당겨오라는 뜻이었다고 한다.

홈실은 현존하고 있는 벽진이씨碧珍李氏 세거지 중에서 가장 유래가 오래된 집성촌이다. 양대 계파인 산화공파와 대장군파의 자손은 물론이고, 금릉공파金陵公派의 자손들도 이곳에서 분파 · 출향하였다. 현재 홈실에는 산화 선생을 제향하는 문곡서원汶谷書院과 완정고택浣亭古宅을 비롯하여 많은 유적들이 남아 있다.

2) 산화 이견간 선생

벽진장군의 11세손인 산화 선생의 이름은 견간堅幹, 자는 여직汝直 혹은 직경直卿, 시호는 문안文安, 호는 국헌菊軒인데 후에 정란정蘭으로 개정하였다. 고려 충열 · 충선 · 충숙왕 3조에 걸쳐 벼슬하였다. 최종관직은 통헌대부 민부전서 진현관대제학 지밀직사사 홍문관사通憲大夫民部典書進賢館大提學知密直司事弘文館事이다. 1302년(충렬왕 28)에 사헌부집의司憲府執義로서 강원도 안렴사按廉使로 부임하여 민심을 수습하였고, 또 경상도 춘추안렴사春秋按廉使가 되어 풍속을 관찰하고 공부貢賦를 조사하여 상벌을 공정하게 시행하였다. 강원도 안렴사로 나갈 때 지은 "한 깃발 휘날리며 관동에 도임하니"라는 「관동시關東詩」가 있고 또 감로사甘露寺에서 지은 사운四韻이 모두 서거정徐居正이 편집한 『동시선東詩選』에 실려 있다.

1317년(충숙왕 4)에 원나라에 사신으로 가다가 상주객관常州客館에 유숙하면서 "창밖의 두견새 소리 밤새도록 들리는데, 울음은 산 꽃 몇째 층에서 나는지[隔窓杜宇終宵聽 啼在山花第幾層]."라는 시를 지었다. 그 시구詩句가 중국 곳곳 집집마다 벽에 새겨져 유행하자 이로 인하여 천하에 명성이 드러났으므로 세상 사람들이 산화 선생山花先生이라 하였다.

산화 선생은 1330년(충숙왕 17)에 별세하였다. 시호는 문안文安이다. 부인은 수원공씨水原貢氏로 상호군을 지낸 유전有全의 딸이다. 1남 1녀를 두었는데 아들은 수문전 대제학 대旿이다. 선생 사후 24년인 1353년(공민왕 2)에 조일신趙日新의 난이 일어나 손자인 군상君常이 참화를 입으면서 선생의 문고文藁를 다 유실하였

산화 선생 유허비

다. 성주의 문곡서원과 밀양의 용안서원龍安書院에서 향사하였는
데, 문곡서원의 상향축문常享祝文은 정재定齋 류치명柳致明이 지었
다. 묘는 경기도 과천현 동쪽으로 5리쯤의 청계산 서쪽에 있다고
도 하고, 혹은 성주의 부상扶桑에 있다고 하나 확실히 알 수 없다.
그래서 매년 가을 홈실의 남산南山 위에 설단하여 제향하였다.

홈실 동구에는 1879년(고종 16) 큰 자연석에 새긴 유허비가 있다. 비문은 후손 이만수李萬洙(1839~1885)가 짓고 송인호宋寅濩(1830~1889)가 글씨를 썼으며, 후손 이원하李元河(1846~1931)가 세웠다. 비의 전면에는 "명곡산화이선생유허檜谷山花李先生遺墟" 9자의 대자와 선생의 유시遺詩 3편을 새겼고, 후면에는 음기陰記를 새겼다. 전면에 새긴 유시는 아래와 같다.

두견시杜鵑詩

여관에는 돋우다 남은 등불 희미한데,
중국 가는 사신의 취향은 중보다 더 담담하네.
창 너머 두견새 소리는 밤새도록 들리니,
우는 놈은 산꽃 몇 층에서 숨었는지.

旅館挑殘一盞燈　使華風味澹於僧
隔窓杜宇終宵聽　啼在山花第幾層

관동시關東詩

깃발을 휘날리며 행차가 관동에 다다르니,
한식에 무르익은 2월의 봄 바람일세.
이번 걸음에는 말머리에서 좋은 시구詩句를 얻으리니,
자고새는 멀리서 울고 해당화는 붉었네.

一麾行色到關東　寒食將蘭二月風

此去馬頭應得句　　鷓鴣聲遠海棠紅

감로사시甘露寺詩

좋은 골짜기를 지나 탁 트인 펼지가 나오니,
이 절은 성시에서 멀리 떨어져 좋다네.
삼면의 하늘에는 모두 산악이 솟아 있고,
한 가닥 트인 곳에는 강물 소리 들리네.

竭來仙洞得寬平　　却喜蓮坊距郡城
三面半空皆嶽色　　一襟虛處是江聲

앞마을은 아득한데 고기잡이 등불 가물거리니,
암자는 쓸쓸하고 탑 윤곽은 분명하네.
어찌 임금님 받들어 부지런히 축수하지 않으랴.
조서詔書를 내리셔 초야의 선비를 기용하셨네.

前邨縹緲漁燈暗　　別院蕭條雁塔明
曷不載君勤祝壽　　紫泥徵起白衣生

후면에 새긴 음기는 아래와 같다.

선생의 휘諱는 견간堅幹인데 고려 때 벼슬하였으니 중국 남송
공제恭帝(원 인종仁宗 시기) 때이고 벼슬은 대제학에 이르렀다.

일찍이 두견시杜鵑詩가 있었는데 중화 사람들이 이 시를 사모하여 '산화山花의 시구는 천지와 같이 존속할 것이며, 강남江南의 곳곳마다 집 헌함에 썼다.'고 하였다. 명곡檜谷(홈실)이란 동명은 중국의 천자가 총애하여 지어준 것이다. 묘소와 유고遺稿는 오랜 세월이 지나 실전失傳하였는데, 이 동리 명곡에 사는 후손들이 이를 한탄하여 유허지에 비碑를 세우고 선생의 시 한편을 수습하였다. 이는 사가四佳 서거정徐居正 선생이 선정 편찬한 『동시東詩』에 있는 것인데 이를 함께 새겨서 오래도록 전하고자 한다. 1879년(고종 16, 崇禎後五己卯) 8월 초순 후손 만수萬洙가 삼가 글을 짓고 원하元河가 비를 세웠다[先生諱堅幹 碧珍人, 仕高麗宋恭帝時也. 官至大提學, 掌奉使北元, 有杜鵑詩, 華人慕之, 有山花句與兩儀存, 題遍江南, 處處軒之句. 檜谷之名, 始自中華寵賜焉. 墓所與遺稿, 世久無傳. 後孫之居是洞者, 掌慨然於此, 立石遺墟, 收拾先生詩一篇, 乃四佳先生徐居正所撰入東詩者也. 竝刻于左, 以壽其傳焉. 崇禎後五 己卯八月 上澣 後孫萬洙謹識, 元河立.].

이 비석은 원래 지금의 포장도로 앞쪽 낮은 지대에 담장으로 둘러 쌓여 있었는데, 도로가 개통된 이후 잘 보이지 않게 되어 현 위치로 옮겨 세운 것이다. 또한 남산 동록에 있는 「산화 이선생 사적비」는 1916년에 세웠는데, 유사遺事는 진성인 이만규가 짓

고, 본문은 후손 이태일李泰一이 쓰고, 전자篆字는 이민후李敏厚가
섰다. 이 사적비도 최근 산화공원으로 옮겼다.

3) 문곡서원汶谷書院

초전면 홈실 도산 마을에 있는 문곡서원은 1750년(영조 26)에
창건되어 산화 선생을 향사하여 왔다. 1871년(고종 8)에 서원철폐
령으로 훼철 당하였다가, 1914년에 후손들이 산화재山花齋, 현 문
곡서당을 중건하고, 남산에 단을 설치하여 매년 한식일에 향사를
지냈는데, 축문은 사미헌四未軒 장복추가 지었다.

그 후 오랫동안 유림에서 서원복원 논의가 제기돼 오다가
1989년 봄에 종원宗員들이 뜻을 모아 현재와 같이 복원하였다. 처
음에는 산화 선생만 주향으로 모셨는데, 1996년 봄부터는 유림의
공론公論으로 고려 충혜왕 때 수문전대제학을 지낸 묵재默齋 대玳
와 형조참판贈刑曹參判을 증직 받은 군상君常을 종향하게 되었다.
역대 원장은 유림에서 학덕을 겸비한 선비 중에서 추대한다.

문곡서원에는 묘우廟宇인 현덕사顯德祠와 삼문三門인 경재문
敬躋門 강의당講義堂, 동재인 근독재勤篤齋, 서재인 존성재存省齋와
외삼문 등 6동의 건물로 구성되어 있다. 근년에 외삼문과 관리사
를 신축하였다. 문곡서원상량문汶谷書院上樑文은 성균관장 박종훈
朴重勳이, 문곡서원기汶谷書院記는 성산인 이헌주李憲柱가 지었다.

문곡서원 산화재

문곡서원 현덕사

그리고 서원복원 전 산화재 상량문은 후손 휘 정기貞基가, 현덕사 상량문은 후손 종열鍾烈이 찬하였다.

3. 자연재해와 분산 이주, 홈실 재 입향

홈실 마을은 1400년대 초에 폭우와 홍수로 생각되는 자연재해로 폐허가 되었다. 홈실에 최초로 마을이 들어서 있었다는 불탄등은 사실상 산곡 취락이 입지하기에는 부적합한 것으로 보인다. 백양산과 곡성산 사이의 좁고도 깊은 골짜기의 곡구谷口에 위치한 불탄등은 계곡과 거리가 너무 가까울 뿐만 아니라 하상도 얕아 마을이 커지면서, 주변 산림의 황폐와 폭우로 계곡 전체가 범람한 불상사가 일어난 것으로 추정된다. 이때의 자연재해로 원래 늪이었던 동포·상포 일대가 매몰되어 들판이 되었다고 전해지는데 지금도 마을이름에 포浦 자가 들어있다.

홈실이 폐허화 되자 산화공파의 5형제 자손들은 인근 여러 고을과 경상도 각지로 이거하여 흩어지게 되었다. 벽진이씨의 대이동은 14세기 초의 홍수로 인한 자연 재해가 커다란 계기가 되었지만, 사실은 그 이전부터 서서히 일어나고 있었다고 하겠다. 산화공 이래 많은 인물들이 중앙에서 고관을 지냈기 때문에 서울과 여러 지방에서 터를 잡게 되었다고 할 수 있다.

1622년(광해군 14) 정월에 완석정 이언영李彦英(1568-1639)이 산화 선생의 옛터를 방문하였는데, 수행한 지관 두사충杜思忠에게 "다시 입향해도 좋으냐."고 물었다. 그는 "살만 하다[可以居]."라고 답하고 동네 입구에서 절을 하면서 "명곡은 장군패검형將軍佩劍形으로 성주의 5명기 중 제일가는 대명기大名基"라고 칭찬하였다. 이리하여 홈실을 떠난 지 약 200여 년이 지난 후 칠곡에 거주하고 있던 산화파의 맏집과 셋째 집 후손들이 폐허가 된 명곡마을에 다시 터를 닦고 가문을 일으켜 오늘에 이르고 있다.

4. 완석정종가의 이동과 홈실 정착

　　완석정이 집안의 내력과 당시 사회의 여러 모습 및 명사들과
의 일화를 기록한 「운계한화雲溪閒話」에 의하면, 완석정의 선대
감무공監務公 일파는 자연 재해로 홈실에서 팔거현八莒縣의 약목
若木으로 이주하였다. 팔거현은 1640년(인조 18)에 칠곡도호부漆谷
都護府로 승격되었는데, 현재의 칠곡군 왜관읍이다. 이곳에는 완
석정의 선대와 후손들의 묘墓가 많이 있고, 완석정 자신의 묘도
처음에는 이곳에 있었다. 그 후 어느 때 약목에서 낙동강 건너
6~7km 동남쪽에 있는 돌밭[石田]으로 이주해 살았고, 완석정 자신
도 여기서 출생하여 자랐다.

　　그러나 완석정은 당대에 돌밭에서 10km 가량 떨어진 낙동

강 서편의 오도촌吾道村, 현재의 성주군 선남면 오도리에 있던 윤형尹珩의 가옥을 매득하여 이주하였다. 완석정浣石亭도 이 마을의 낙동강 가에 있었다. 이곳은 성주의 5명기 중의 하나였던 참판 권응창權應昌의 옛 집터였다. 완석정은 바로 이 집에서 작고하였다. 그 후 무슨 연유에서였는지 완석정의 종가는 또다시 낙동강 건너 동편에 있는 웃갓(上枝, 현재의 칠곡군 지천면 신리)으로 이주하였다. 따라서 그 종손들을 비롯한 많은 자손들이 이 부근에서 살았고, 그들의 묘소도 약목, 돌밭, 오도촌, 웃갓 일대에 흩어져 있다.

그 후 완석정의 종가는 1894년에 동학東學 혁명으로 사회가 혼란해 지자 10세 종손이었던 모운募雲 이상후李尙厚(1852-1921)가 피난을 다니다가 홈실로 들어오게 되었다. 그는 일가인 면와勉窩 이덕후李德厚(1855-1927) 선생으로부터 현재의 종택宗宅을 매득하여 이사한 것이다. 그 후 이 집은 120여 년을 이어오며 완석정종가의 새로운 터전이 되었다.

제3장 완석정과 후손들

1. 완석정의 선대 계보

완석정의 집안은 시조의 11세에서 형제로 갈라진 산화공파의 후손에 속하며, 산화 5파 중 셋째 집인 감무공파(監務公派: 雲峯監務 李粹之의 후손)에 속한다. 그리고 감무공파 안에서 완석정 자신이 하나의 지파支派를 만들게 되었는데, 이를 흔히 완정파浣亭派라고 한다. 현재 벽진이씨의 총인구 약 9만 명 중에서 산화공파가 5만여 명이고, 그 중에서 감무공파는 약 9천 명이며, 완석정파는 약 5천 명에 이르고 있다.

완석정의 직계 선조들을 중심으로 한 벽진이씨의 상계 계보를 정리하면 아래 표와 같다.

이 표를 보면 시조로부터 8세 이은李殷까지는 대체로 장군將

[표1] 완석정浣石亭의 선대 계보

세대	이름	생몰년	관작	활동	비고
1	이총언李念言	858-938	삼중대광 개국원훈 벽진장군	고려 개국 협력	
2	영永		지경산부사	왕건 군에 종군	고려 태조 사위란 설 있음
3	방회芳淮		추밀원사		
4	경석慶錫		평장사		
5	증曾		상호군/상장군		
6	실實		금자광록대부 상호군/상장군		
7	방화芳華		광록대부 상호군상장군		흠실 입향조
8	은殷		은청광록대부 상호군/상장군		
9	당규唐揆		주부동정 우사낭중 태자첨사		
10	옹雍		예빈시 지동정		
11	견간堅幹	?-1330	통헌대부 민부전서 진현관 제학 지밀직사사 홍문관사	1317년 元에 사신. 「산화시」 등 남김.	
12	대珉	?-1343	삼도순무사, 수문전 대제학. 호 묵재	충선왕 때 문과	

13	군상君常	?—1353	사재감부령겸 통례원부사, 대언	1353년 조일신난에 피화	
14	희경希慶	1343—1377	비순위대호군, 경상도병마도원수		왜구 토벌 후 순국
15	수지粹之	?—1418	승훈랑 행운봉감무	생원	감무공파 파조
16	권慣	1406—1472	통례원봉례랑 겸 한성참군		
17	유강惟康		통사랑		
18	인손麟孫	1481—?		진사, 후진 양성	
19	운運		현릉참봉		
20	등림鄧林	1535—1594	조산대부 공조좌랑	생원, 문과, 청백	오건吳健 문인

軍 또는 호군護軍의 직함을 가지고 있었던 것으로 보아 성주 벽진 지역의 대표적인 호족이었던 것을 알 수 있다. 2세 이영李永 이후 의 직함인 지경산부사知京山府事, 추밀원사樞密院事, 평장사平章事 등은 호족에 대한 예우로서 주어진 명예직이었을 것으로 생각된 다. 9세 이당규李唐揆의 직함인 주부동정主簿同正 우사낭중右司郎中 태자첨사太子詹事도 명예직이었을 것 같지만, 이때부터 벽진이씨 가 무관직이 아닌 문관직으로 나아가고 있음을 엿볼 수 있다. 이 당규의 아들 이옹李雍은 예빈시 지동정禮賓寺知同正을 받았다.

11세인 이당규의 손자 산화 이견간李堅幹은 문과 급제 여부 는 알 수 없지만 민부전서民部典書, 진현관 제학進賢館提學, 지밀직사사知密直司事 홍문관사弘文館事를 역임하여 가문을 문한가文翰家로 약진시켰다. 그의 아들 이대李玳는 충선왕 때 문과에 급제하여 삼도순무사三道巡撫使와 수문전 대제학修文殿大提學을 역임하여 가문을 명문의 반열에 올려놓았다. 그러나 그의 손자 이군상李君常은 사재감 부령司宰監部令 겸 통례원 부사通禮院副使와 대언代言(승지)을 지내며 승승장구하였지만, 1353년에 일어났던 조일신趙日新의 난에 연루되어 화를 입었다. 이 때문에 그의 장자 희길希吉은 원元으로 피신하기까지 하였다.

그러나 이군상은 곧 신원되었고 그의 차자 이희경李希慶이 경상도慶尙道 병마도원수兵馬都元帥가 되어 왜구倭寇 토벌에 공을 세우고 전사함으로써, 가문은 중흥할 수 있었다. 곧 그의 다섯 아들들(建之, 審之, 粹之, 愼之, 思之)이 모두 고관대작에 올라 성세를 올리게 된 것이다.

그 중에서 감무공파 이수지의 후손들은 통례원 봉례랑奉禮郎 겸 한성참군 이권李惓(완석정의 5대조), 통사랑通仕郎 이유강李惟康(고조), 진사 이인손李麟孫(증조), 현릉顯陵 참봉 이운李運(조부) 등으로 내려오면서 가세가 침체하였다. 이를 일으켜 세운 이가 완석정의 부친인 공암孔巖 이등림李鄧林(1535-1594)이다. 그는 이조정랑을 지낸 덕계德溪 오건吳健의 문인으로 소과(生員)를 거쳐 문과에 급제한 후 공조좌랑에 올랐다. 이등림은 인동현감으로 재직 중에 청백으로 명망이 높았고, 퇴임 때는 관아의 짚신까지 바위에 걸어두었다는 '괘혜암掛鞋巖 설화'가 유명하다. 그 내용은 아래와 같다.

괘혜암(구미시 인의동)

공암은 1584년(선조 17)에 인동현감으로 부임하여 고을에 선정
을 베풀었다. 몇 년 후 그가 체임遞任되어 돌아갈 때 공암의 한
여종이 신발도 없이 맨발로 따라가고 있었다. 이를 본 고을의
아전이 관아의 새 짚신 한 켤레를 주었다. 공암이 이를 보고 사
유를 물으니 여종이 사실대로 고하였다. 공암은 이를 마땅히
여기지 않고 "이 짚신도 또한 관물이다." 하고, 길가에 있는 바
위에 걸어두라고 명하고 떠나갔다고 한다. 이러한 공암의 청
백한 정신은 후손들에게 가훈이 되었고, 이 지역의 사대부 사
회에도 큰 귀감이 되었다.

2. 완석정의 생애와 정신

1) 완석정의 생애와 정치 활동

이언영李彦英(1568-1639)은 조선 후기의 학자이며 문신이다. 자字는 군현君顯이며, 호는 완석정浣石亭 혹은 완정浣亭이고 운계雲溪라고도 하였다. 그는 벽진장군 이총언李悤言의 21세손이며, 산화山花 이견간李堅幹 선생의 10세손에 해당한다. 아버지 공암孔巖 이등림李鄧林은 문과 출신으로 인동현감과 공조좌랑 등을 지냈다. 어머니는 경주최씨慶州崔氏로 최호崔湖의 딸이다. 그는 1568년(선조 1) 2월 18일 성주 팔거현八莒縣 돌밭(石田: 현재의 칠곡군 왜관읍 석전동)에서 태어났다.

그는 10여세 때부터 벽진이씨 친족인 세자익위사 세마, 외재畏齋 이후경李厚慶(1558-1630), 임란 의병장 복재復齋 이도자李道孜(1559-1642) 등과 함께 석전정사石田精舍에서 부친에게서 수업하였다. 후에 청안현감 낙재樂齋 서사원徐思遠(1550-1615)과 이수당李守讜에게서 배우기도 하였으나, 1588년(선조 21)에 성주星州의 회연檜淵으로 한강寒岡 정구鄭逑를 찾아가 제자가 되었고, 또 인동의 여헌旅軒 장현광張顯光에게도 배웠다.

완석정은 1591년(선조 24) 24세에 생원生員이 되었다. 다음해 임진왜란이 일어나자 양친을 모시고 안동으로 피난하였다가, 그 다음 해(1593)에 망우당忘憂堂 곽재우郭再祐가 의령에서 의병을 일으켰다는 소식을 듣고 합세하였다. 그는 농토를 팔아 구입한 전마戰馬 40필을 끌고 가서 조력하였던 것이다. 1594년 8월에 부친상을 당하여 거상居喪하였다가, 상을 마치고 1597년 정유재란丁酉再亂이 일어나자 곽재우와 함께 의병을 일으켜 창녕의 화왕산성火旺山城을 지켰다.

1601년(선조 34) 효렴孝廉으로 추천되어 순릉順陵 참봉에 제수되었으나 부임하지 않았다. 1603년(선조 36) 9월에 36세의 나이로 식년문과 명경과明經科를 통해 전시殿試에서 장원급제하였다. 그해에 바로 성균관 전적典籍이 되었고, 다음해부터 공조 병조 호조 좌랑을 차례로 역임하였다.

1606년(선조 39) 6월에는 경상도 도사都事로 나갔다. 그해 7월

경상우도慶尚右道의 시관試官으로 향시鄕試를 주관할 때 과장科場
에서 소란이 일어나 시험이 중단된 일 때문에 파직되었다. 이후
벼슬에서 물러나와 향리로 돌아가 3년간 쉬게 되었다. 1607년에
완석정은 평소 과격한 언론을 일삼던 정인홍鄭仁弘을 미워하여
통절히 절교하였다. 이 때문에 그는 정인홍 일당으로부터 미움
을 받게 되었으나 개의치 않았다.

완석정은 42세 되던 1609년(광해군 1) 강원도 도사로 복직하
였고, 이 기회에 금강산을 유람하였다. 1610년에는 형조좌랑이
되었고, 다음해에는 호조정랑과 사복시 첨정僉正을 역임하였다.
1613년에 서양갑徐羊甲·박응서朴應犀 등을 중심으로 한 칠서七庶
의 난을 계기로 계축옥사癸丑獄事가 일어나 국구 김제남金悌男이
역옥逆獄으로 죽었다. 이때 완석정은 백사白沙 이항복李恒福, 월사
月沙 이정구李廷龜 등과 함께 대처 방안을 모색하였고, 이이첨을
성토하였다.

완석정은 47세인 1614년(광해 6) 2월에 사간원 정언正言으로
승진하였다. 이때 광해군의 뜻을 헤아린 강화부사 정항鄭沆이 영
창대군永昌大君을 핍박하여 죽게 하였다. 그 사건이 알려지자 필
선弼善 정온鄭蘊이 상소하여 정항의 처벌을 요구하였다가 대북大
北 일파의 탄핵을 받아 목숨이 위태롭게 되었다. 이에 완석정은
세 번이나 항계抗啓하여 정온을 변호하였다. 이 때문에 그 자신도
역적을 옹호했다는 죄목으로 탄핵을 받고 삭탈관작 되었다. 이

후 그는 10년간 폐고되어 벼슬에 나아가지 못하고 향리에서 칩거하였다.

1615년에는 부인 곽씨의 상을 당하였고, 다음해 안동권씨 권사성權思性의 딸과 재혼하였다. 1617년에는 스승인 한강을 도와 그의 『오선생예설五先生禮說』을 교정하였다. 1621년(광해군 13)에는 낙동강의 완암浣巖이라는 바위 옆에 정자를 지어 '완석정浣石亭'이라고 명명하였다. 이로 인해 그의 호를 '완석정' 또는 '완정浣亭'이라 칭하게 되었다.

완석정이 56세 되던 1623년(인조 원년) 3월에 인조반정이 일어나자, 그도 복직되어 직강直講, 사예司藝, 장령掌令 등을 역임하였다. 1624년(인조 2) 1월에 이괄李适의 난이 일어나자, 2월 8일 완석정은 임금을 따라 공주로 호종扈從하였다. 난이 진압되고 인조가 호종하였던 신하들의 공功을 기록해 올리라고 지시하자 동료들은 자신들의 이름을 올리려고 분주하였으나, 그는 태연히 "신하가 되어 군부君父를 따르는 것은 당연한 직분職分일 뿐이다." 하고 나서지 않았다. 이 때문에 그는 처음 논공행상論功行賞에서 빠졌으나, 3월 27일 경연經筵 석상에서 이 일을 아뢴 사람이 있었으므로 인조가 특명으로 당상관에 승진시키도록 하였다.

당상관에 승진한 다음날 바로 칙사 접반사接伴使가 되어 철산鐵山으로 파견되었다. 명나라의 칙사인 중서사인中書舍人 허입례許入禮가 가도假島에 진을 치고 있던 모문룡毛文龍을 격려하기

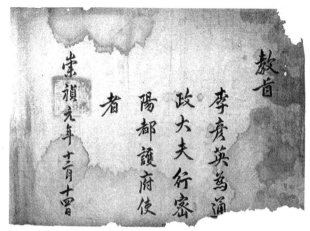

완석정의 밀양부사 교지

위해 왔기 때문이다. 완석정은 칙사를 대접함에 있어서 예의에 어긋나지 않았으나 굽신거리지도 않으며 당당하게 접대하였다. 연회 도중에 허입례가 선조宣祖의 어휘御諱(국왕의 이름)를 묻자 그는 "주석酒席에서 선왕先王의 어휘를 답할 수 없다."라고 하였다. 이에 허입례는 얼굴을 가다듬어 사과하였다. 허입례는 잇달아 명종明宗 승하 후에 선조가 덕흥대원군德興大院君의 제3자로서 대통을 잇게 된 과정을 캐물었다. 이는 선조의 정통성에 관계된 문제였으므로 매우 난처한 질문이었으나, 완석정은 조금도 착오 없이 순리대로 차근차근 설명하였다. 이에 허입례는 감탄한 나머지 시詩를 지어 화답和答하였고, 또 관아의 정문正門으로 출입케 하는 등 예우가 융숭하였다.

그해 12월에 완석정은 동부승지同副承旨에 임명되었고, 곧 우부승지右副承旨를 거쳐 이듬해 1625년 좌부승지를 역임하였다. 이해 2월에 삼사三司가 역모에 연루된 선조의 7남 인성군仁城君을 극형으로 논죄하자, 완석정은 『춘추』「극단전克段傳」을 한 글자도 틀리지 않고 외우면서 이를 저지하여 대관臺官들을 깜짝 놀라게 하였다. 이 때문에 동료들과 의견이 맞지 않아 곧 벼슬을 사직하고 낙향하였다. 인성군은 훌륭한 인품을 가진 왕자였으므로, 우의정 신흠申欽 등 많은 사람들이 구원에 나섰으나 결국 삼사三司와 공신들의 예봉을 피하지 못하고 죽음을 당하였다. 이 때문에 사림士林에서는 안타까워하는 사람들이 많았고, 완석정도 당시 반정공신反正功臣들이 주도하던 조정의 분위기와 맞지 않아 사퇴하고 말았던 것이다. 그 직후 완석정은 대구부사에 제수되었으나 부임하지 않았고, 그해 인조의 생모 계운궁啓運宮 구씨具氏의 국상 때문에 한 번 상경한 외에는 향리에서 은거하였다. 당시 승지 이민성李民宬과 나눈 대화를 보면 동한東漢의 은사隱士였던 엄자릉嚴子陵으로 자처하면서 영구히 벼슬에서 물러나 은거할 계책을 하였던 것으로 보인다. 그리고 2년간 석전石田에서 동계桐溪 정온鄭蘊 등의 친구들을 만나고 완석정을 개축하면서 한가하게 지냈다.

그러나 완석정이 60세 되던 1627년(인조 5)에 정묘호란丁卯胡亂 일어나자 호소사號召使 장현광張顯光이 그를 경상우도 의병장慶尙右道義兵將에 임명하였다. 그러나 그는 승지를 지낸 측근 신하가

국난을 당하여 향리에서 있을 수 없다 하여 사양하고, 임금을 호종하고자 강화도로 향하였다. 도중에 소현세자昭顯世子의 분조分朝를 만나 전주까지 호종하였다. 이때 그는 세자의 구언에 응하여 당시 강화도에서 진행되던 후금과의 강화를 단호히 거부하자는 척화斥和를 헌의하였다. 분조分朝에 있던 많은 사람들이 그 주장에 동조하였으나, 조정의 강화를 막을 수는 없었다. 난이 끝난 후 그는 강화도까지 세자를 호종하고 곧장 향리로 돌아왔다.

다음해 1628년(인조 6) 8월에 완석정은 장례원掌隸院 판결사에 제수되었으나 부임하지 않았다. 그러나 그해 12월에 밀양도호부사密陽都護府使에 제수되자 왕명을 누차 거부하기 어려워 억지로 부임하였다. 그는 1년여 밀양에서 재직하는 동안 전란으로 파괴된 학교를 정비하고, 몸소 기우제를 지내며 경주에서 시행된 향시에 시관으로 참석하기도 하였다. 완석정은 64세 되던 1631년(인조 9) 4월에 후금군이 다시 침입한다는 소식이 있어 상경하였다가, 미수眉叟 허목許穆을 만나 환담하였고, 석담石潭 이윤우李潤雨와 오랑캐 방어책을 의논하기도 하였다.

그해 9월에 완석정은 청주목사淸州牧使에 제수되어 부임하였다. 당시 청주 지역에는 명화적明火賊들의 출몰이 심하여 백성들이 큰 고통을 받았을 뿐만 아니라 나라에도 큰 우환이 되었다. 이에 완석정은 영장營將 박현성朴玄成과 함께 계책을 내어 도적들을 진압하고, 사회 기강을 쇄신하는 한편 혼란에 빠진 백성들을 안정시키고 선정을 베풀었다. 그러나 반년도 지나지 않아 관직을 사퇴하고 고향으로 돌아가 문생들과 강학하며 지냈다.

1633년(인조 11) 정월에 완석정은 66세의 나이로 선산도호부사善山都護府使에 임명되었다. 그는 여헌 장현광을 찾아가 치도治道를 묻는 등 널리 여론을 청취하고 선정을 펴는 한편 선현의 유적들을 정비하였다. 그러나 그해 8월에 사임하고 다시는 벼슬에 나아가지 않았다.

완석정은 관직에서 물러난 뒤 석전의 완석정에서 학문을 연구하고 후진 교육에 진력하였다. 완석정은 68세 되던 1635년 12월에 인열왕후仁烈王后의 국상이 나자 상경하여 곡반哭班에 참가하였고, 다음 해 3월의 인산因山 망곡례望哭禮에도 질병을 무릅쓰고 참석하였다. 그동안 서울에서 친구였던 월사月沙 이정구李廷龜

이언영 묘소. 김천시 대항면 대성리

와 동계 정온 등의 인사들을 만나 정을 나누었다. 그러나 그 해 12월에 병자호란을 만나 인조仁祖가 남한산성에 피난하여 포위 되었다는 말을 들었고, 다음해 정월에는 국왕이 삼전도三田渡에 서 오랑캐에게 항복한 소식을 들으며 통곡하였다. 이후 그는 완 전히 삶에 의욕을 잃어 따뜻한 집에서 신병身病 치료하는 것을 거 부하고, 열악한 완석정에서 기거하며 세상을 마치고자 하였다.

완석정은 1639년 9월 16일에 오도촌吾道村 계장溪庄에서 향 년 72세로 고종考終하였다. 묘는 당초 약목면若木面 남계리南溪里 두만산斗蠻山 선영에 안장하였다가, 1678년 11월에 김천시 대항 면 대성리 공자동 산 80 임좌壬坐로 천장하였다. 행장은 차자인 창진昌鎭이, 묘갈명은 용주龍洲 조경趙絅이 찬술하였다. 문집으로 『완정집浣亭集』 8권이 있다. 또 하나의 묘갈명은 부제학 이민구李 敏求가 지었다. 공자동에는 묘소 재각인 숭모재崇慕齋가 있는데 기문은 대법관 이우식李愚植(浣石亭의 11대손)이 지었다.

완석정의 생애와 활동을 정리하면 아래 표와 같다.

[표2] 완석정 연보 요약			
서기	왕력	연령	내 용
1568	선조 1	1	2월 18일, 성주 팔거현八莒縣 돌밭(石田)에서 태어남.
1578	선조 11	11	친족인 외재畏齋 이후경李厚慶, 복재復齋 이도자李道孜 등과 석전정 사石田精舍에서 부친에게 수업.

서기	왕력	연령	내용
1580	선조 13	13	낙재樂齋 서사원徐思遠, 이수당李守讜에게서 수업.
1581	선조 14	14	부친을 따라 서울에 와서 류성룡柳成龍 등에게 알현.
1584	선조 17	17	8월, 모친상을 당함.
1587	선조 20	20	3월, 현풍곽씨玄風郭氏 곽간郭赶의 딸과 혼인.
1588	선조 21	21	회연檜淵에서 한강寒岡 정구鄭逑를 뵙고 가르침을 청함. 석담石潭 이윤우李潤雨, 낙포洛浦 이종문李宗文 등과 녹봉정사鹿峯精舍에서 「춘추」 강독. 옥산玉山에서 여헌旅軒 장현광張顯光, 겸암謙唵 류운룡柳雲龍 알현.
1589	선조 22	22	봄, 사월촌沙月村에서 개암開岩 김우굉金宇宏, 동강東岡 김우옹金宇顒 형제 알현.
1591	선조 24	24	봄, 생원시에 합격.
1592	선조 25	25	봄, 성균관에서 수업. 4월, 왜란이 일어나자 양친을 모시고 안동 석천정石泉亭에 우거.
1593	선조 26	26	망우당忘憂堂 곽재우郭再祐가 창의한 의령 의병에 참가. 농토를 팔아 전마 40필 공급. 3월, 진주에서 관찰사 학봉鶴峰 김성일金誠一을 알현하여 왜적의 방어책을 논함. 10월, 봉화에서 김부륜金富倫 알현.
1594	선조 27	27	8월, 부친상을 당함.
1596	선조 29	29	백천白川 이천봉李天封과 횡성에서 강원도 관찰사 정구를 알현.
1597	선조 30	30	화왕산성火旺山城에서 의병 활동.
1601	선조 34	34	효렴孝廉으로 천거되어 순릉참봉順陵參奉에 임명, 취임 않음.
1603	선조 36	36	10월, 식년문과式年文科에 장원으로 합격, 성균관 전적이 됨.
1604	선조 37	37	10월, 공조좌랑工曹佐郎이 됨.

서기	왕력	연령	내 용
1605	선조 38	38	5월, 병조좌랑이 됨.
1606	선조 39	39	형조좌랑, 병조좌랑이 역임. 6월, 경상도 도사都事가 되었다가 파직됨.
1607	선조 40	40	5월, 서애 류성룡 애도. 정인홍鄭仁弘과 절교.
1609	광해군 1	42	1월, 강원도 도사가 됨. 금강산 유람.
1610	광해군 2	43	4월, 형조좌랑이 되다.
1613	광해군 5	46	백사白沙 이항복李恒福, 월사月沙 이정구李廷龜와 김제남金悌男 역옥 일 논의. 호조정랑, 사복시 첨정 역임.
1614	광해군 6	47	2월, 사간원 정언이 됨. 3월, 동계桐溪 정온鄭蘊을 변론하다가 삼사三司의 탄핵으로 삭직.
1615	광해군 7	48	4월, 악재樂齋. 한강 문인 서사원徐思遠 애도. 8월에 부인 곽씨 상을 당함.
1616	광해군 8	49	안동권씨 권사성權思性의 딸과 재혼.
1617	광해군 9	50	4월, 한강 정구의 「오선생예설五先生禮說」을 교정.
1619	광해군 11	52	7월, 계모 성씨成氏 상을 당함.
1620	광해군 12	53	1월, 스승 한강 정구 애도.
1621	광해군 13	54	낙동강 완암浣巖 가에 완석정浣石亭 건립, 호 '완석정'이라 함.
1623	인조 1	56	반정 후 등용되어 직강直講, 사예司藝, 내섬시 정, 사헌부 장령, 군자감정 역임.
1624	인조 2	57	1월에 이괄李适의 난이 일어나자 인조를 호위하여 공주로 수행함. 당상관 승진. 3월에 칙사 접반관接伴官이 됨. 12월에 우부승지에 임명.

서기	왕력	연령	내 용
1625	인조 3	58	좌부승지, 부호군副護軍이 됨.
1627	인조 5	60	정묘호란丁卯胡亂이 일어나자 세자의 분조分朝를 따라 전주로 호종.
1628	인조 6	61	12월, 밀양부사가 됨.
1631	인조 9	64	7월, 청주목사가 됨.
1633	인조 11	66	1월, 선산부사가 됨.
1637	인조 15	70	9월, 여헌 장현광 애도.
1639	인조 17	72	9월 16일, 서거. 11월, 인동仁同 약목현若木縣 두만산斗巒山에 장례. 후에 김천 공자동孔子洞으로 이장.

2) 완석정의 선비 정신

완석정은 임진왜란 때 의병활동에 참여하였고, 한강寒岡 문
하에서 성리학과 예학을 익혔으며, 문과에 장원급제하며 화려하
게 정계에 나갔다. 그러나 곧은 성품과 바른 언론 때문에 시의時
議에 영합하지 못하였으므로 그의 관직 생활은 길지 못하였다.
그는 40여 년간 관료의 신분을 유지하였지만 실제로 현직에 있었
던 기간은 10여 년도 되지 않았다. 그것은 선조 말기인 1603년의
급제 후 낭관郎官 생활(성균관 전적 · 공조좌랑 · 경상도사 등) 3년(1603-
1606), 광해군 초기의 중견 관료 생활(강원도사 · 형조정랑 · 사간원 정언
등) 5년(1609-1614), 인조반정 후의 대간臺諫 및 당상관 생활(사헌부

장령·승정원 좌부승지 등) 2년(1623-1625), 노년의 지방관 생활(밀양부사·청주목사·선산부사) 2년(1628-1633)으로 10여년 정도였으나, 중간에 휴직한 기간이 많았으므로 실제의 관직 생활은 그리 길지 않았다.

그는 선조 말기 2년, 광해군 중기 이후 10여 년, 인조 3년 이후 대부분의 기간을 벼슬에서 물러나 향리의 완석정浣石亭에서 은거하며 사우師友 문생門生들과 학문을 강론하며 지냈다. 따라서 그의 문집에는 정치나 행정 등의 공적 활동을 보여주는 상소上疏, 계사啓辭, 장계狀啓 등의 공문서는 모두 10여 편에 불과할 정도로 적다. 이러한 행적에서 우리는 그가 벼슬에 나아가는 것을 어렵게 여기고 물러나기는 쉽게 여긴 난진이퇴難進易退의 정신을 엿볼 수 있다. 완석정과 같이 국왕의 최측근 승지承旨를 지냈던 중요한 인물이 정3품 당상관인 통정대부通政大夫에 그치고 말았던 것은 매우 특이한 사례다. 그러나 그는 조금도 개의치 않고 향리에 물러나 후학들을 가르치며 유유자적하게 여생을 보냈다. 벼슬에 대한 그의 담백한 정신과 강개한 태도 및 곧은 성품을 알 수 있다.

「운계한화雲溪閒話」에는 이러한 완석정의 평소 기상과 정신을 아래와 같이 표현하고 있다.

나는 소년 시절에 기위奇偉함을 숭상하여 스스로 다짐하였다.
'만약 나의 관직 생활이 고기직설皐夔稷契과 같이 사직을 안정

시킬 정도가 되지 못한다면, 차라리 갈대 우거진 달빛 아래 물가[蘆月沙汀]에서 노닐며 세월을 보내겠다'고 생각하였다. 그러다 뜻하지 않게 늦은 나이에 벼슬길에 잘못 나아가 경황없이 풍파를 겪었다. 임금이 성은을 내리셔서 특별히 전리田里에 돌아가기를 허가하시니, 이제 인적 없는 산천에서 갈매기와 해오라기를 벗 삼게 되었다. 이곳이 이른바 완암浣巖(浣石亭)이라는 곳이다.

완석정은 한강과 여헌을 배우고 사모하였으므로 그들의 산림 처사적인 개결한 풍모에 깊이 영향을 받았다고 할 수 있다. 젊은 시절에는 포부가 커서 고기직설을 목표로 하였지만, 4색당쟁四色黨爭으로 이전투구를 벌이던 험난했던 정치판은 그가 뜻을 펼수 있는 세상이 아니었다. 그는 벼슬에 나간 후 두 번 큰 모험을 하였다. 첫째는 1614년(광해군 6) 3월 사간원 정언으로 있을 때, 역적을 옹호하였다는 죄목으로 탄핵을 받고 있었던 동계桐溪 정온鄭蘊을 구원하려다 삭탈관작된 일이었다. 둘째는 1625년(인조 3) 2월 좌부승지로 있을 때, 역모에 연루된 인성군仁城君을 극형에 처하려 하자, 동료들에게 『춘추』「극단전克段傳」을 외우면서 이를 저지하다가 사직한 일이었다. 이 두 사건 모두 역모 죄에 관련된 것이었고 동료들이 나서서 탄핵 중이었는데, 홀로 이의를 제기하여 저지한다는 것은 상당히 모험적인 일이었다. 이 때문에 그는 곧은 선비라는 명망을 얻었지만 정치적으로는 큰 타격을 입었다. 1614년 삭탈관작된 후에는 10여 년간 관직에서 폐고廢錮 되었으며, 1625년의 사직 후에도 오랫동안 야인 생활을 해야 했다. 그리고 세월이 흐른 후에 지방관에 몇 번 제수되었을 뿐 중앙의 요직에서는 제외되었다. 이러한 완석정의 정치 생애는 그의 성품에서 비롯된 것이며, 일생을 청고淸高하게 산 바탕이기도 하였다.

3. 완석정종가의 가계 계승과 종손

1) 완석정종가의 종손

완석정은 7남 3녀를 두었다. 이 중에서 제사를 받들어 대종大宗을 창시한 사람은 장남 두진斗鑛이고, 그의 직계 후손들이 대대로 종가를 계승하였다. 중간에 사손嗣孫이 없거나 요절하여 동종同宗의 지파支派에서 입후立后한 사례가 두 번(현손 수풍遂豐과 9세손 만근萬瑾) 있었다. 입후는 사실 어느 명문가에서나 있는 일이었으므로, 그 때문에 종가의 지위에 영향을 미치는 일은 없었고 한결같이 종인들의 존중을 받았다.

완석정 종손들은 5세손 정록鼎祿에 이르기까지 관작官爵을 받았으나, 그 후에는 벼슬을 단념하고 과거에 뜻을 두지 않았다. 이는 1694년(숙종 20) 갑술환국甲戌換局 이후로 남인들이 실세하여 관직에 나아가기도 용이하지 않았지만, 당시 영남 사대부 계층에서 관직보다 학문(性理學)에 골몰하였던 사회적 분위기가 큰 영향을 미친 것으로 보인다. 특히 종가의 경우에는 동종의 종족宗族을 통솔하고 수많은 제사를 받들며 빈객을 접대하는 일로 여념이 없었기 때문에 과거나 관직에 전념하기가 어려웠다. 이러한 경향은 완석정종가에도 예외 없이 나타나고 있었다 하겠다.

단 한 분의 예외가 있었는데 그는 현손 수풍遂豊이었다. 그는 특이하게도 무과武科에 급제하여 정주목사定州牧使와 오위장五衛將을 역임하고 첨지중추부사僉知中樞府事, 정3품에 이르렀다. 그가 무과에 응시하여 급제한 것은 종가로 입후하기 전으로 여겨진다. 그의 생부生父는 문과에 급제하여 승정원承政院 주서注書와 병조좌랑兵曹佐郞을 역임한 주세柱世(완석정의 증손)였고, 아우는 무과에 급제하여 선전관宣傳官과 울진군수, 공조좌랑 등을 역임한 수점遂漸(1713-1783)이었다. 이를 보면 그의 생가는 문무를 겸하여 사환仕宦에 종사한 전통을 가지고 있었다. 그러나 수풍이 종가에 입후한 후에는 그 후손들이 무과에 응시한 일이 없었다.

완석정의 10세손인 모운募雲 이상후李尙厚와 11세손인 송강松岡 이우태李愚泰는 당시에 명망 있는 유학자들이었다. 모운은 사미헌四未軒 장복추張福樞[여헌旅軒 후손]의 문인門人으로서 문집 『모운집募雲集』을 남겼고, 송강松岡은 동종의 면와勉窩 이덕후李德厚의 문인으로 28세에 요절하였지만 왕성한 저술 활동으로 『송강집松岡集』과 『동국역사東國歷史』 3권을 남겼다. 면와 일문은 3대가 항일 독립운동에 투신하였는데, 이는 완석정의 종가에도 큰 영향을 주었다. 송강의 아들인 이영기李瀯基(12세 종손)도 항일운동을 하다가 옥고獄苦를 치렀다.

완석정의 13세손인 현 종손 이종건李鍾健 선생은 일제日帝 말기와 6·25 전란기의 온갖 고난 속에서도 명문 경북중학慶北中學과 고려대학교를 거치면서 정규적인 현대 교육을 받았고, 행정 관료로 진출하여 서울시의 총무과장과 용산구청 총무국장을 마친 후 녹조근정훈장綠條勤政勳章을 수훈受勳하였다. 이는 그의 9대조 정주목사定州牧使 수풍 이후에 처음 있는 사환이었다. 그는 공직자로서의 분망한 일상 속에서도 종가의 법도를 지키고 가문의 전통과 예법을 계승하는 일에 게을리 하지 않았다. 차종손이 될 장자 이선하李璿河 박사는 독일에 유학하여 학위를 취득하였고, 현재 대학 교수로 있다.

완석정종가의 종손들을 표로 정리하면 다음과 같다.

세대	이름	생년	몰년	호	과거/관작	활동	비고
					[표3] 완석정종가의 종손		
1	두진斗鎭	1617	1688		승의랑		
2	해윤海潤	1638	1700		통덕랑	필법 저명	
3	주신柱臣	1662	1718		통덕랑		
4	수풍邃豊	1703	1767		무과/정주목사, 오위장, 첨지		생부: 주세柱世
5	정록鼎祿	1725	1765		통덕랑		
6	굉鈜	1752	1827	우의당雨宜堂		효성 칭송	
7	은영溵永	1775	1852	행헌杏軒		실천독실	
8	종모宗模	1792	1870		향시		
9	만근萬瑾	1825	1885				생부:안모安模
10	상후尙厚	1852	1921	모운慕雲		『모운집』	사미헌 문인
11	우태愚泰	1888	1915	송강松岡		『송강집』, 『동국역사』	면와勉窩 문인
12	영기瀯基	1915	1994	석운石云	자동서원 원장	항일 운동	
13	종건鍾健	1936		벽파碧坡	경영학석사/ 용산구청 총무국장, 녹조근정훈장		현 종손
14	선하璿河	1964			공학박사, 공주대학교 교수		차종손
15	상훈相勳	1998			고등학교 학생		장손

2) 완석정종가의 종부宗婦와 통혼권

홈실 완석정종가의 종부들은 대체로 영남 일대의 명문가 집안 후손들이었다. 제1대 종부였던 야성송씨冶城宋氏는 목사牧使 송광정宋光廷의 딸로서, 완석정의 절친한 친구였던 용계龍溪 송광계宋光啓의 질녀였다. 송광정의 아들 송시연宋時衍 일가는 당시에 홈실에서 살고 있었다. 제2대 종부 진주강씨晉州姜氏는 판서 강윤지姜允祉의 후손이었다. 제3대 종부 안동권씨安東權氏는 사간원 정언正言 권선權愃의 딸이었고, 제5대와 제 13대 종부 풍산류씨豊山柳氏들은 바로 영의정을 지낸 서애西厓 류성룡柳成龍 선생의 후손이었다. 제6대 종부 청주정씨淸州鄭氏는 형조참판을 지낸 예학禮學의 대가 한강寒岡 정구鄭逑의 후손이었고, 제7대 종부 밀양박씨密陽朴氏는 병조참지兵曹參知 박진량朴震良의 후손이었다. 제8대 종부 의성김씨義城金氏와 제9대 종부 경주최씨慶州崔氏도 전통적인 문벌 출신이라고 할 수 있다.

제10대 종부 순천박씨順天朴氏는 사육신死六臣 박팽년朴彭年의 후손이었고, 제11대 종부 광주이씨廣州李氏는 대사헌大司憲을 지낸 박곡朴谷 이원록李元祿의 후손이며, 12대 종부 서흥김씨瑞興金氏는 기묘명현己卯名賢인 한훤당寒暄堂 김굉필金宏弼의 후손이었다. 차종부가 될 파평윤씨坡平尹氏 윤미정尹美靜 교수는 한말韓末에 시종무관장侍從武官長을 지낸 윤호尹鎬의 증손녀이다.

이러한 완석정종가 종부들의 가계를 보면 그 가격家格에서 오히려 종가를 앞선다고 할 수 있을 정도이다. 이러한 종부들의 친정 가문을 보면 완석정종가의 종손들이 오랫 동안 벼슬에 나아가지는 못하였지만, 영남 지역에서 가졌던 위상을 짐작할 수 있다. 그것은 완석정 자신이 워낙 고결한 인품과 바른 처신으로 명문의 기초를 닦아 놓았기도 하지만, 후대의 종손들도 그 전통을 잘 계승하여 학문과 예법에서 그 품격을 잃지 않았기 때문이라 하겠다. 완석정종가 종부들의 일람표는 아래와 같다.

[표4] 완석정종가의 종부宗婦

세대	종손	종부 관향	부	현조	비고
1	두진	야성송씨	송시연	목사 송광정, 충숙공 송희규	
2	해윤	진주강씨	판결사 여康	판서 강윤지	
3	주신	안동권씨	정언 권선		
4	수풍	나주정씨	정회신	필선 정언원, 충정공 정응두	
5	정록	풍산류씨	류성관	서애 류성룡	여서: 인동 장간추, * 여헌 장현광 후손
6	횡	청주정씨	정동윤	한강 정구	
7	은영	밀양박씨	생원 박형구	참지 박진량	

세대	종손	종부 관향	부	현조	비고
8	종모	의성김씨 광주이씨	생원 김직 이선운		
9	만근	경주최씨	최유윤		여서: 순천 박영동, * 사육신 박팽년 후손
10	상후	순천박씨	박해성	사육신 박팽년	
11	우태	광주이씨	이석연	박곡 이원록	
12	영기	서흥김씨 (김정식)	김희준	한훤당 김굉필	
13	종건	풍산류씨 (류정하)	성균관 부관장 류시영	서애 류성룡	서애종가 종녀
14	선하	파평윤씨 (윤미정)	윤민걸	시종무관장 윤호, 문하시중 인첨	음악학 석사 윤호의 증손녀

완석정의 장녀는 문과 급제후 이조정랑을 거쳐 대사간을 지낸 고령인 박종주朴宗冑의 부인이다. 차녀는 문과 급제후 이조판서를 역임하고 영의정에 추증된 광주인 이원정李元禎의 부인이며, 삼녀는 군수를 지낸 양천인 허해許垓의 부인이었다.

종부 외에 완석정의 여러 자부들을 보면, 차자 창진昌鎭의 부인 해평윤씨海平尹氏는 현감 윤경지尹敬之의 딸로 영의정 윤두수尹斗壽의 증손녀였다. 3자 문진文鎭의 부인 광주이씨는 직장 이도장李道章의 딸로 참의 이윤우李潤雨의 손녀이다. 이도장의 아들은 이조판서 이원정이다. 4자 영진穎鎭의 부인 의성김씨는 지평 김욱金項의 딸로 동강東岡 김우옹金宇顒의 증손녀이다. 그리고 별자 중진重鎭의 부인은 사계沙溪 김장생金長生의 딸이다.

종손 외의 여러 손자들을 보면 해달海達의 부인 흥양이씨興陽李氏는 진사 이광규李光圭의 딸로 완석정의 친구였던 부제학 창석蒼石 이준李埈의 손녀였다. 해발海潑의 부인 풍양조씨豊陽趙氏는 참판 조여수趙汝秀의 딸이고, 해관海觀의 부인은 풍산류씨로 류세봉柳世鳳의 딸이며 겸암謙菴 류운룡柳雲龍의 현손녀이다.

종손 이외의 증손들을 대략 보면 주방柱邦의 부인 함양박씨는 좌랑 박세신朴世臣의 딸이고, 주세柱世의 부인 양주조씨楊州趙氏는 좌의정 조정趙挺의 현손녀이며, 주악柱岳의 부인 남원윤씨는 판서 윤돈尹暾의 현손녀이다. 주천柱天의 부인 안동권씨는 대사간 권기權愭의 딸로 우윤右尹을 지낸 탄옹炭翁 권시權諰의 손녀이다. 주우柱宇의 부인 남원윤씨는 교리 윤의제尹義濟의 딸로 좌찬성 백호白湖 윤휴尹鑴의 손녀이다.

이상 완석정 자손들의 혼맥을 보면, 증손 대까지만 해도 경상도에 국한하지 않고 경화사족京華士族 및 기호지방의 쟁쟁한 문벌 가문들과 혼인을 하고 있었음을 볼 수 있다. 여기에는 해평윤씨 영의정 윤두수尹斗壽 가문, 광주이씨 참의 이윤우 가문, 의성김씨 동강 김우옹 가문, 양주조씨 좌의정 조정趙挺 가문, 남원윤씨 판서 윤돈 가문, 안동권씨 탄옹炭翁 권시 가문, 남원윤씨 백호 윤휴 가문 등을 포함하고 있다.

　그러나 후대에 오면 지파의 부인들 역시 종부들의 경우와 마찬가지로 경상도 일대의 명문 집안들과 혼맥을 이루고 있다. 대체로 칠곡의 광주이씨, 선산의 인동장씨, 성주의 청주정씨와 야성송씨冶城宋氏, 안동의 의성김씨와 풍산류씨, 대구의 순천박씨, 밀양의 밀양박씨와 밀양손씨, 경주의 경주최씨 등이다. 이러한 경향은 대체로 완석정의 후손들이 중앙 관직에서 소외되어 이 지역에 정착하게 되면서 나타난 것이다. 그들은 지역 사회에서 상당한 경제 기반을 가지고 학문적인 명성을 이어가면서 경상도의 정통 문벌 가문들과 중첩된 혼맥을 통해 결속했던 현상을 보여주고 있다.

4. 완석정의 여러 후손들

완석정은 7남 3녀를 두었다. 아들은 승의랑承議郎 두진斗鎭, 찰방察訪 창진昌鎭, 통사랑通仕郎 문진文鎭, 감역監役 영진潁鎭, 중진重鎭, 첨정僉正 휘진徽鎭, 첨정 경진景鎭이고, 사위는 고령인高靈人 대사간大司諫 박종주朴宗胄, 광주인廣州人 이조판서 이원정李元禎, 양천인陽川人 군수 허해許垓이다.

그 아래로 많은 손자들이 났는데, 해윤海潤, 해달海達, 해량海亮, 해발海潑, 통덕랑通德郎, 해관海寬, 해명海明, 해징海澂, 해익海益, 해식海湜, 생원生員 해철海澈, 문과 해준海準, 현감 해한海瀚, 해양海漾, 해심海深, 해점海漸, 해용海溶 18명이 있다.

증손자들은 통덕랑 주신柱臣, 주방柱邦, 주상柱商, 문과 병조좌랑 주세柱世, 종사랑 주악柱岳, 문과 사헌부 지평 주천柱天, 통덕랑 주우柱宇, 통덕랑 주남柱南, 주한柱漢, 주항柱恒, 주숭柱嵩, 주대柱大, 주진柱震, 주하柱河, 사복시정司僕寺正 주덕柱惠, 주민柱旻, 주국柱國, 문과 현감 주태柱泰, 주후柱厚, 주사柱師, 주승柱升, 주형柱衡, 주정柱鼎, 주건柱乾, 주곤柱坤, 주팔柱八, 주한柱韓, 주문柱文, 주석柱石, 주필柱弼, 주장柱章, 주완柱完, 주강柱綱, 주곤柱崑 등 33명이 있다.

이들 중에서 현달한 이들을 들어보면 대략 아래와 같다.

손자 해준은 문과 급제 후 현감을, 증손 주천은 문과급제 후 한림翰林과 호당湖堂을 거쳐 사헌부 지평持平을, 주태는 문과 급제 후 현감을, 주세는 문과 급제 후 승정원 주서注書를 거쳐 병조좌랑을 지냈다. 현손 수풍遂豊은 자산도호부사慈山都護府使, 수점遂漸은 공조좌랑을 지냈다. 6세손 현鉉은 문과에 급제하여 양지현감陽智縣監과 사간원 정언을 지냈고, 필鏵은 문과文科에 급제하여 사헌부 지평을 지냈으며, 응모膺模는 문과에 급제하여 승정원 주서를 지냈다.

대개 완석정의 후손으로 문과에 급제하여 출사한 분들은 13명이며, 생원 진사가 된 사람들은 수십 명이나 되었다. 그 밖에 재야 선비로서 학문과 덕행을 닦은 자손들도 많았는데, 그 중 문집이 전해지는 분들이 40여 명에 이르고 있다. 숙종 때 이조판서를 지내고 후에 영의정에 추증된 이원정李元禎은 완석정의 사위이며, 부제학과 이조참판을 지낸 이담명李聃命은 그의 외손이다.

근대에는 대한제국 판사 우정愚正, 법무부장관을 역임한 우익愚益, 대법관을 지낸 우식愚植 형제, 숙명여대와 영남대학교 총장을 역임한 인기寅基, 독립운동가 덕후德厚와 정기定基 등 조손祖孫을 비롯하여 장관, 국회의원, 청장, 학장, 외교관, 판·검사, 변호사, 중견공무원 등 많은 후손들이 있다. 완석정의 후손들 중에서 특히 저명한 분들을 간략히 살펴본다.

1) 낙저洛渚 이주천李柱天

낙저 이주천은 조선 숙종 때 사헌부 지평을 지낸 유학자였다. 완석정의 증손이며 산화山花 선생의 13세손에 해당한다. 자는 이능爾能이다. 낙저의 조부는 완석정의 차자인 창주滄洲 이창진李昌鎭(원명은 원진遠鎭)으로, 찰방察訪에 제수되었으나 부임하지 않았다. 부친 덕봉德峯 해발은 성혼成渾과 이이李珥의 문묘 종향을 비판하는 상소를 올리고 벼슬에 나아가지 않았다. 낙저의 어머니는 풍양조씨豊陽趙氏로 참판 조여수趙汝秀의 딸이다.

낙저는 1662년(현종 3) 8월 26일 서울 어의동於義洞 자택에서 태어났다. 그는 나면서부터 자질이 범상치 않아 말을 시작할 때 곧 글자를 알았다고 한다. 특히 글을 암송하는 데 비상한 재능이 있어 하루에 몇 만자씩 외웠고 또 그것을 절대로 잊지 않았다. 그래서 소년 시절부터 서울, 경기 일대에 명성이 자자하였다.

　낙저는 1687년(숙종 13) 사마시司馬試에 합격하였고, 4년 후인 1691년(숙종 17) 문과에 급제하였으나 부친상을 당하여 벼슬에 나아가지 못하였다. 2년 후 상을 마치자 곧 한림翰林[史官]으로 발탁되어 예문관藝文館 검열檢閱, 봉교奉教, 대교待教를 역임하였다. 한 번은 사관으로 경연經筵에 입시하였을 때 영의정 권대운權大運, 좌승지 김귀만金龜萬 등과 함께 숙종의 어제시御製詩에 수창하는 시를 지어 선온宣醞과 지필묵을 하사받기도 하였다.

　낙저는 사관으로 재임하던 중에 어사御史를 겸하여 전라도 지역을 순찰하면서 공정하게 직분을 수행하였다. 1694년(숙종 20) 갑술환국甲戌換局으로 남인이 축출되고 서인이 정권을 잡자 그는 벼슬에서 물러나 향리에서 독서하며 10년 동안 한 번도 서울에 가지 않았다. 1703년(숙종 29)에 비로소 서용되어 고산찰방高山察訪에 제수되었으나, 서인들에 의해 파직되었다. 1707년(숙종 33)에 병조정랑에 제수되었다가 세자시강원世子侍講院 사서司書로 전임되었고, 다음해 사헌부지평司憲府持平에 임명되었다. 그는 잠시 벼슬에 나갔다가 곧 사퇴하였는데, 1709년(숙종 35)에 다시 지평이 되었다.

　이때 구언교서求言敎書에 응하여 상소하기를, "임금께서 내실 있는 덕을 닦아 하늘에 응답하며 백성을 보호하는 대요大要로 삼고, 크게 중도中道를 세워 당쟁을 소멸하고 사욕을 제거하는 방

도로 삼을 것"을 강조하였다. 이에 숙종은 매우 예우하는 비답을
내렸다. 후에 호남 지방에 나가 과거 시험을 주관하였는데, 그 처
리가 공정하여 호남 사람들이 '수경水鏡'과 같다고 극찬하였다.
그는 1711년(숙종 37) 3월 13일 49세를 일기로 작고하였다. 당시는
서인들의 세상이어서 남인이 벼슬하기가 매우 어려웠으나, 낙저
는 추호도 편당에 가담한 흔적이 없었고 개인적 하자도 없었으므
로 서인들이 흠을 잡을 수가 없었다. 이 때문에 그는 고관으로 승
진할 수 있을 것으로 기대되었으나 갑자기 작고하여 친지들의 안
타까움을 샀다.

2) 면와勉窩 이덕후李德厚 선생 일가

면와 이덕후(1855－1927) 선생은 완석정의 10세손으로, 1855년 12월 15일 백동정사白洞精舍를 지어 강학하였던 둔암遯庵 이만수李萬洙 선생의 장남으로 홈실에서 태어났다. 자는 경재景載이다. 유년부터 재주가 뛰어나 16세에 시문으로 주위의 칭송을 받았고, 한주寒洲 이진상李震相과 사미헌四味軒 장복추張福樞 선생 문하에서 면우免宇 곽종석郭鍾錫, 홍와弘窩 이두훈李斗勳과 더불어 심성정心性情의 이기론理氣論 강론에 참여하였고, 『이학종요理學綜

면와 이덕후 선생

要』10책을 교정하였다. 유학자의 도리에 진력하여 부친이 건립한 서당 백동정사白洞精舍에서 후학지도에 정성을 다하였다.

1876년(고종 3)에 큰 흉작으로 기근이 심하여 민심이 흉흉해지자 면와는 곡간을 헐어 많은 백성을 구제하였다. 소문을 듣고 몰려온 많은 난민들에게 곡식을 나누어 주고, 굶주린 행인들에게는 행랑채 앞마당에 10여 개의 가마솥을 걸어놓고 구휼하였다. 이 때문에 대대로 1,000석을 넘는 부유한 가산이 크게 감소되었고, 대대로 물려받은 가옥도 완석정의 종손인 모운慕雲 이상후李尙厚에게 매도하였다. 1894년 동학혁명이 일어났을 때는 지주와 양반들이 약탈 당하는 피해가 속출하였음에도 면와 일가는 오히려 동학군의 보호를 받아 무사했다. 그가 장기간 빈민구호활동을 해온 사실을 알게 된 성주목사와 경상감사가 유일遺逸로 천거하였으나, 그는 이를 사양하고 개항開港으로 인해 전통문화가 훼손되지 않도록 국민계도에 힘썼다.

1895년 일제가 을미사변乙未事變을 일으켜 명성황후를 시해하자, 1896년 2월 곽종석郭鍾錫, 이두훈李斗勳, 강구상 등과 함께 상경하여 일본이 저지른 잔학무도한 국모시해 만행을 미국, 영국, 독일 공관에 전달하고 국제적으로 일본 탄핵을 호소하였으나 실효를 거두지 못했다. 한말 독립운동지사 장지연張志淵, 오세창吳世昌 등이 창립한 대한자강회大韓自强會가 통감부에 의해서 강제 해산 당한 후 그 후신으로 1907년 10월 10일 대한협회가 창설되자 면와는 성주지회의 부회장으로 추대되어 각종 폐습의 교정, 반일사상 고취 등 주민 계몽운동을 전개하였다. 그러나 1년 후 통감부의 획책으로 대한협회가 친일단체로 변질되자 부회장직을 사퇴하였다. 국권회복은 소극적인 애국계몽운동으로는 불가능하다고 판단한 그는 해외망명이나 지하활동을 모색하게 되었다.

1910년 한일합방 이후 면와는 해외로 망명한 독립운동 지사들과 연대투쟁을 위하여 1911년 5월에 이강제, 이승희, 3남 이우필, 사위 김정묵 그리고 맏아들 우원愚元의 처남으로 중국 장개석 군대의 중장을 지낸 이완 등을 대동하고 해삼위海蔘威(블라디보스톡)의 밀산密山 독립운동기지에 도착하여 현지 애국지사들과 합류하였다. 그러나 장지연 등 여러 지도자를 만나 현지 실상을 살펴본 결과 분열과 당파싸움으로 이전투구를 일삼는 데 실망하여 단신 귀국하고 말았다. 독립운동도 여의치 않은 현실에 절망한 그는 소장했던 많은 서적을 불태우고 학문도 포기한 채 호를 초은樵隱으로 바꾸고 깊이 은거하였다.

1919년 3·1만세운동이 일어나자 서울 중동학교에서 공부하던 손자 정기定基가 급거 귀향하여 서울의 만세운동 소식을 널리 전파하고 주민들을 독려하여 마을 옆 남산에서 대한독립만세를 외치게 하였다. 그 후 향리의 유학자 성대식成大湜과 함께 이웃 마을 송준필宋浚弼의 종택 백세각百世閣에서 영남의 명망가들이었던 면우 곽종석, 회당 장석영, 심산 김창숙, 공산 송준필 등과 여러 날 비밀 회동한 끝에 유림대표들의 독립청원서인 이른바 파리장서巴里長書 사건을 주도하였다. 이 장서는 모두 2,674자로 이루어졌는데, 심산이 외우고 또 종이에 기록하여 짚신으로 만들어 상해로 들어가 3,000부를 인쇄하여 해외 각국과 국내에 전파하였다. 이로서 독립청원서에 서명한 137명의 유림대표에 대한 검거 선풍이 일어났다. 면와를 비롯한 20여 명의 유림이 체포되어 대구형무소에 수감되었다. 일제는 이들 유림 대표들이 한국인의 존경을 받는 인물들이므로 혹시 민족감정이 악화되어 더 큰 소요가 일어날 것을 우려하였다. 이 때문에 파리장서 사건으로 축소하여 언론에 보도하게 했고 다수 수감자를 조기에 석방하는 조치를 하여 세상에 널리 알려지지 않았다.

면와는 1927년 6월 24일 향년 73세로 타계하였다. 묘소는 명곡 뒷뫼의 청룡등에 부인과 합부되어 있다. 행장은 2남 우정이 썼고, 묘갈명은 이우성李佑成 박사가 지었다. 면와는 1995년 건국포장建國褒章을 추서받았다. 면와는 슬하에 3남 1녀를 두었다. 장남 승헌承軒 이우원李愚元은 한계瀚溪의 촉망 받는 제자였으나, 일찍 타계하였다. 차자 가석可石 이우정李愚正은 한말 융희隆熙 황제로부터 안동재판소 판사로 임명되어 법조계로 진출한 벽진이씨 일족의 선구가 되었다.

면와의 3남이었던 이우필李愚弼 선생은 1911년 아버지 면와와 함께 해삼위로 갔다. 후에 면와는 귀국하였고, 선생은 홀로

이정기 선생

남아 현지의 백계白系 러시아인들과 연대하여 국권 회복을 도모
하였다. 그러나 러시아 적계赤系와의 투쟁 중에 실종되어 행방을
알 수 없게 되었다.

면와의 장자인 이우원李愚元의 차자 백아白啞 이정기李定基
(1898-1951) 선생은 1919년 만국평화회의에 보낼 독립청원서인
파리장서에 서명한 최연소자였다. 그는 조부와 함께 이 청원서
에 서명하였고, 일제 강점기 동안 계속하여 독립운동에 투신하였
다. 그는 중국의 북경, 상해 등지를 왕래하다가 1925년 1월 김창
숙, 남형우, 배병현 등 독립투사들과 만나 무기제조법을 익히고

국내로 침투하였다. 이후 무관 출신인 장진홍張鎭弘과 민족 시인 육사陸史 이원록李源綠 등과 함께 비밀결사를 조직하여 대구은행 폭탄투척사건을 일으켰다. 이로 말미암아 1928년 1월 6일 일경에 체포되어 2년여의 옥고를 치렀고, 장진홍은 사형을 당하였다. 백아는 출옥 후에 다시 중국으로 망명하여 더욱 활발한 독립운동을 전개하였다. 백아는 1995년에 건국훈장 애족장을 추서 받았다.

사위 김정묵은 대사간을 지내고 청백리에 녹선된 문간공文簡公 김취문金就文의 후손이었다. 그는 1991년 건국훈장 애국장을 추서받았다. 홈실 동구에 「애국지사백아이정기선생추모비愛國志

김정묵 선생

士白啞李貞基先生追慕碑」가 1995년 8월 성주 유림과 경향 각지 인사들의 참여로 건립되었다. 비문은 완석정의 후손 윤기潤基 박사가 지었다.

면와의 사위 김정묵金正默(1888-1944) 지사는 일제 강점기의 독립운동가였다. 그는 선산김씨善山金氏로 조선 중기에 대사간을 지내고 청백리에 오른 문간공 김취문의 후손이고, 선산군善山郡 구미읍龜尾邑에 살았다. 그는 결혼 후 1910년(융희 4) 경술국치를 당하자 독립운동을 하기 위해 중국으로 건너갔다. 1918년 4월에는 만주로 이주하여 광복단光復團 회원이 된 후 이국필李國弼, 장진홍

張鑲弘 등과 함께 독립운동의 방향을 의논하였다. 한때 중국 동북 군벌東北軍閥인 장작림張作霖의 군법처장軍法處長을 지냈으나, 장작림 정부가 재만한인在滿韓人을 탄압하자 곽송郭松 등과 함께 요동군遼東軍을 조직해 장작림 정부를 공격하였다가 전세가 불리하여 북경으로 떠났다. 1919년 3월 국내에서 3·1운동이 일어나자 상해로 옮겨 대한민국임시의정원의원臨時議政院議員에 선출되었다.

1921년 5월에는 신채호申采浩 등과 함께 북경에서 독립운동 고취를 위한 잡지 『천고天鼓』를 출간하였다. 1924년에는 심양瀋陽에서 『독립신문』 지국장으로 활동하였다. 1926년 하얼빈에서 의열단원義烈團員으로 활동하면서 일제의 요인 암살 및 공공시설 폭파 공작을 벌였다. 1932년 4월에 윤봉길 의사가 상해의 홍구공원虹口公園에서 의거를 일으키려고 할 때 그에게 의거용 폭탄을 전해주었고, 거사 당일 아침 식사를 함께 하였다. 그 후 북경시의 명예비서직으로 활동하다가 일본 경찰에 체포된 후, 조국광복을 보지 못한 채 실종되었다. 그는 정부로부터 독립운동 당시의 공훈을 인정받아 1963년에 대통령표창, 1991년에 건국훈장 애국장을 추서 받았다.

3) 가석可石 이우정李愚正 일가

가석 이우정(1880-1956) 판사는 면와 이덕후 선생의 차자로

가석 이우정 판사

홍와弘窩 이두훈李斗勳 선생의 문인이었다. 일찍이 공직에 투신하였다가 1909년(융희 3)에 대한제국의 안동 재판소 판사로 칙임勅任 받았다. 그는 벽진이씨의 법조계 진출에 효시가 되었다. 면와 일가는 3대가 주권회복을 위해 가시밭길을 걸으면서 일제의 가혹한 탄압을 받아 자손들은 뿔뿔이 흩어지고 가세가 기울었다. 그러나 법조계로 진출하였던 이우정 판사의 보살핌으로 쇠잔 지경에 이르렀던 집안이 다시 일어나게 되었다. 그는 4남 1녀와 많은 손자녀를 두었는데, 일찍 이들에게 근대식 교육을 받게 하여 국가의 동량으로 키웠다. 이 때문에 그는 후손들과 친족들로부터

벽계 이인기 총장

지금까지 칭송을 받고 있다.

그의 장자 이완기李完基(1901–1977) 선생은 초등학교 교장을 역임하였고, 차자 벽계碧溪 이인기李寅基(1907–1987) 박사는 일제 시기에 동경대학東京大學을 졸업한 우리나라 근대 교육학의 선구 자로서 서울대 대학원장과 숙명여자대학교 및 영남대학교 총장 그리고 한국교육학회 회장을 역임하였다.

그는 우리나라 학교제도의 기초인 6·3·3·4 단서형 학제 를 주창하였고, 국민교육헌장 기초에도 참여하였다. 가석의 3남 이재기李宰基(1930–1980) 선생은 초전면장草田面長을 역임하였고, 4

남 이관기李寬基(1935–) 박사는 동아일보 부국장을 지냈다. 사위 풍산인 류시관柳時灌 선생은 초등학교 교장을 지냈다. 그의 아들은 외무부 장관을 지낸 류종하柳宗夏이다.

이완기 선생의 차자 이종웅李鍾雄(1939–) 사장은 태일자동제어주식회사를 창업하였으며, 사위 이완일異完一은 의학박사이고, 사위 이만열李萬烈 교수는 국사편찬위원장을 역임하였다. 이인기 총장의 딸 이종원李鍾媛 여사는 의사이고, 그 부군 이덕용李德鏞 박사는 서울의대 교수이다. 딸 이근수李瑾秀 박사의 부군 김종언金鍾彦 박사는 이공학자로 버지니아공대 교수이다. 그밖에 저명한 가석의 손자녀들은 이루 다 헤아릴 수 없다.

4) 후석后石 이주후李周厚 선생 일가

완석정의 12세손인 후석 이주후(1873–1957) 선생은 완석정의 차남 계열인 창주공파滄洲公派에 속한다. 후석은 유학자로 명망이 높아 도산서원陶山書院, 도동서원道洞書院, 병산서원屛山書院 등 주요 서원의 원장을 역임하였다. 그는 1901년의 '완석정' 복원 중건과 1914년의 이건移建에 중심 역할을 하였고, 웃갗(上枝)에 창주공파의 종당인 '오도재吾道齋'를 창건하였으며, 『낙저유고洛渚遺稿』를 편찬하였다. 그는 청검淸儉 하면서도 경제관념이 투철하였고, 자손 교육에 엄격하여 많은 인재를 배출함으로써 경북지방의

후석고택

명문가로 우뚝 서게 하였다. 그는 칠곡의 명문 광주이씨廣州李氏
부인과의 사이에 3남 2녀를 두었다.

　　후석의 장남 동초東樵 이우익李愚益(1890-1982) 선생은 제1공
화국에서 법무부장관法務部長官을 역임하였다. 그는 1912년 경성
법학교(법관양성소: 뒤에 전수학교로 개칭)를 졸업하고, 1913년 판사전
형시험에 합격하였다. 1914년 대구지방법원 밀양지원 판사로 임
관하였다가, 이듬해 검사로 전직하였고, 1920년에 다시 대구지방
법원 판사로 전직하였다. 1921년 대구복심법원 판사로 승진하였
고, 1926년 평양복심법원 판사를 지낸 뒤 1927년 대구에서 변호
사 개업을 하였다. 광복 후 대구고등검찰청 검사장이 되었으며,

동초 이우익 장관

1950년 5월에 법무부장관이 되었다. 재임 중 독립국가로서의 검찰사무에 기초를 확립하였고, 전란 중의 법무부 행정을 슬기롭게 처리하였다.

차남 이우식李愚軾(1901–1985) 선생은 제1공화국 때 대법관을 지냈다. 경성법학전문학교를 졸업하고 1927년 일본 고등문관시험에 합격한 후 평양지방법원 검사국 시보, 경성지방법원 인천지청, 전주지방법원, 경성지방법원 판사 등을 지냈다. 1930년 10월에 총독부 판사직에서 퇴임하고, 변호사로 활동하였다. 8·15 해방 후 미군정에 발탁되어 전주지방법원 법원장으로 복귀했다.

이우식 대법관

1948년에 전주지방검찰청은 좌익 혐의자에 대한 전주지방법원의 처벌이 가볍다는 이유로 이우식 법원장을 좌익 혐의로 고발하였으나, 미군정은 이를 문제 삼지 않았다. 6·25 전쟁 중인 1951년에 제1공화국의 대법관으로 발탁되어 재직하였고, 대통령 직속 법전편찬위원회 위원도 역임하였다.

3남 이우혁李愚奕(1933-) 선생은 원신상사元信商社를 창업하여 회장으로 있다. 후석 선생의 사위 김태렴金兌濂은 한훤당寒暄堂의 후손으로 장자 김판영金判永은 문교부 차관을 지냈고, 차자 김시영金時永은 대통령 비서관을 지냈다. 이우익 장관의 장남 이용기

李瑢基(1913-1989) 선생은 농협農協 중앙위원을 지냈으며, 차남 이동기李東基(1938-) 선생은 언론인이었다. 이우식 대법관의 장자 이영기李瑛基(1919-) 선생은 의사로서 의원장으로 있으며, 차남 이창기李瑒基(1937-) 선생은 언론인으로서 중앙일보 기자를 지냈다.

이용기 선생의 장남 이호철李鎬澈(1951-) 박사는 농경제학農經濟學과 농업사農業史의 대가로서 경북대학교 교수를 지냈다. 차남 이호열李鎬冽(1957-) 박사는 건축공학과 건축사 전공자로서 부산대학교 교수이다. 딸 이석남李錫南(1937-)은 의사이며, 부군 정순목丁淳睦 교수는 교육학박사로 영남대학교 교수를 지냈다. 사위 류대하柳大夏 선생은 청와대 행정관을 지냈고, 사위 정안식鄭安植 박사는 한국과학기술대학 학장을 지냈다. 이우혁 회장의 사위 원경환元慶煥 교수는 미술학 전공자로서 대학 교수이다. 이상 후석 집안의 계보를 살펴보면 근세 영남 지방 명문가 중에서도 이만큼 현달한 집이 드물 것이다. 이는 모두 후석 선생의 엄격한 자손 교육과 청검한 가정경제 관리로 여유 있는 환경을 조성한 때문이라고 하겠다.

이상에서 살펴 본 이들 외에도 완석정의 후손들 중에는 국회의원과 해외한민족연구소장을 지낸 이윤기李潤基 정치학박사, 부산고검장을 지낸 이우각李愚珏 완정공파종회 회장, 정보통신부 장관과 KT 회장을 역임한 이석채李錫采 장관, 그의 사촌으로서 외무고시에 합격하고 주 캐냐 대사와 불가리아 대사를 지낸 이석조

李錫祖 대사, 창주파滄洲派의 주손으로 기업체 사장을 지낸 이성기 李成基 선생, 한일합섬 전무와 국제상사 사장을 지낸 전문경영인 이명기李命基 선생 등 쟁쟁한 분들이 많다.

제4장 완석정종가의 문헌과 유물

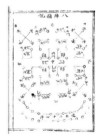

1. 이언영의 문집 『완정집浣亭集』

　　『완정선생문집浣亭先生文集』(약칭 浣亭集)은 완석정 이언영의
시문, 학술서, 소차疏箚, 서간 기타 많은 글을 편집하여 간행한 문
집이다. 원집原集 8권, 별집 1책으로 간행되었다. 이는 그의 6세
손 이굉李鈜(1752-1827)과 이건李鍵(1763-1815) 등이 집안에서 소장
해 오던 초고草稿를 바탕으로 하여 정리 편차하였다. 1803년에
최흥벽崔興璧(1739-1812)이 산정刪定하고, 1815년에 김홍金㙨
(1739-1816)의 교정을 받아 순조 연간에 초간본을 목판으로 간행
하였다. 이 초간본은 규장각(4499)과 장서각(4-6311) 등에 소장되
어 있다. 본서에는 서문序文과 발문跋文, 범례凡例 등이 없어 서지
에 관한 사항을 자세히 알기 어렵다.

『완정집』의 원집은 저자 자신의 시문집 5권과 부록 3권으로 되어 있다. 시문집에는 제1권에 만사輓詞 33편을 포함한 시 98편, 제2권에 서신 24편과 상소上疏 장계狀啓 14편, 제3권에 가문의 내력과 묘소, 조야朝野의 일화 및 신변 잡기 등을 기록한 「운계한화雲溪閑話」 1편, 제4권에 학술적 논설論說 9편과 전책殿策(會試壯元策文) 1편, 제5권에 제문祭文 14편과 묘지墓誌·묘갈墓碣·행록行錄·유사遺事 등의 전기류 21편이 수록되어 있다. 부록에는 다른 사람들이 저자를 위하여 쓴 연보年譜, 행장行狀, 묘갈명墓碣銘, 묘지명墓誌銘, 유허비명遺墟碑銘, 유사遺事, 제문祭文, 만사輓詞, 서독書牘, 기문記文, 제영題詠 등을 합쳐 모두 33편이 수록되어 있다.

별집 1책은 1978년에 12세 종손 이영기李瀯基 등이 영인본을 간행하면서 완석정에 관계된 여러 자료들을 수집하여 붙인 것이다. 여기에는 『조선왕조실록』 기사를 발췌한 「국조실록國朝實錄」, 참판 유태좌柳台佐가 대작代作한 유소儒疏 「청증작소請贈爵疏」, 정언 김종규金宗奎가 대작한 유소 「청증작시소請贈爵諡疏」, 7세손 천영天永이 대작한 유소 「동완양선생청시건원소桐浣兩先生請諡建院疏」 등을 별집으로 추가, 원집 8권과 별집을 합쳐 2책으로 영인 간행하였다.

본 문집에 수록된 완석정 자신의 시문과 다른 이들이 그를 기리기 위해 쓴 여러 글들 중에서 특별히 중요한 내용들을 살펴보면 아래와 같다.

완석정은 유교 경전과 성리학에 전심하였고 시문에는 주력하지 않았지만, 문집 제1권에는 만시輓詩 33편을 포함한 시 98편이 수록되어 있다. 이 시들은 대체로 연대순으로 편차되어 있는데, 대부분의 시는 사우師友 문인門人 동료들과 주고받은 차운시次韻詩와 증답시贈答詩가 주를 이루고 있다. 완석정의 시 세계를 문외한이 언급할 수는 없지만, 특별히 눈에 띄는 작품은 1624년(인조 2) 3월 명나라의 칙사로 가도椵島에 온 중서사인中書舍人 허입례許立禮의 접반관이 되어 그와 증답한 시들이다. 여기에는 관찰사 이상길李尙吉을 위해 대작한 차운시를 포함하여 5편의 시가 포함되어 있다. 이 시들은 물론 외교적인 언사로써 과장하여 지은 것이지만, 단순한 의례가 아니라 그와 칙사가 진정을 교감한 따뜻하고 우호적인 관계였음을 느낄 수 있다. 완석정은 연회 주석에서 인조의 어휘御諱 쓰기를 거부한 문제로 인해 처음에는 칙사 허입례와 서먹한 관계였지만, 그의 예모禮貌에 감탄한 칙사가 마음을 터놓고 예우하자 서로 존중하며 진정으로 허여하게 된 것이다. 마지막 작별시는 아래와 같다.

구름 낀 산은 첩첩이요 바다는 망망한데,
일엽편주로 가시는 길은 멀기만 하네.
오늘 정자에서 작별하며 섭섭한 마음 끝이 없으니,
이 생애 어느 곳에서 다시 자리를 함께 할까!

雲山疊疊海茫茫　一葉仙舟去路長
今日離亭無限義　此生何處更聯床

완석정은 일본 사신 현방玄方이 왔을 때도 접반관이 되었는데, 그와 수작한 시도 한 편 있어 외교관의 풍모를 보여주고 있다. 그 다음으로 눈에 띄는 것은 1623년 12월 입춘과 1624년 새해에 중전中殿에 올린 2편의 춘첩春帖과 1편의 영상첩迎祥帖이다. 이때는 완석정이 군자감정軍資監正으로 있을 때인데 특별히 중전의 덕을 칭송하는 시를 올리게 된 것은 특이한 점이다. 기타 많은 중답시들 중에는 성주부사로서 선정을 베풀었던 지애芝厓 민형남閔馨男과의 차운시 4편이 주목되고, 여헌旅軒 장현광張顯光, 한강寒岡 정구鄭逑, 동강東岡 김우옹金宇顒, 석담石潭 이윤우李潤雨, 관찰사 이춘원李春元, 호주湖洲 채유후蔡裕後, 택당澤堂 이식李植, 동양위東陽尉 신익성申翊聖, 지천遲川 최명길崔鳴吉, 석문石門 이경직李景稷 등 명사들과의 차운시를 보면 그의 교제 범위를 잘 알 수 있다.

33편의 만시 중에는 송간松磵 송광정宋光廷, 죽유竹牖 오운吳澐, 망우당忘憂堂 곽재우郭再祐, 용담龍潭 박이장朴而章, 사계沙溪 김장생金長生 등 당대의 명망가들에 대한 것이 포함되어 있어 그의 교유 관계를 알 수 있다.

제2권에는 서신 21편과 상소 3편, 정사呈辭 2편, 계啓 3편, 장계狀啓 2편이 수록되어 있다. 서신 중에서 「상한강선생문목上寒岡

先生問目」은 정구에게 상례喪禮에 대해 질의한 것으로 완석정의 학문적 관심과 조예를 보여주는 것이다. 그 밖에 여헌 장현광에게 올린 편지 2편, 동천東川 이상길李尙吉, 우의정 상촌象村 신흠申欽, 관찰사 조희일趙希逸과 밀양 예림서원禮林書院 유생들에게 보낸 서한 등이 주목된다.

상소 장계 등의 공거公車 문서 중에서 가장 중요한 것은 1614년(광해군 6) 3월에 올린 「정언시피혐계正言時避嫌啓」 3편이다. 당시 완석정은 사간원 정언으로 있었는데, 동계桐溪 정온鄭蘊이 상소하여 영창대군永昌大君의 증살蒸殺에 대한 광해군의 책임을 신랄하게 추궁하다가 역적을 비호한 죄로 탄핵을 받고 있었다. 사헌부와 사간원에서 합계合啓하여 정온을 사죄死罪로 몰아가자, 완석정은 이를 제지하고 정온을 옹호하는 주장을 하다가 동료들과 갈라지자 광해군에게 피혐의 계문啓聞을 올리고 정온을 두둔하였다. 결국 이 일로 완석정은 사당私黨을 비호하였다는 죄명으로 삭탈관작削奪官爵된 것이다. 이 3편의 계문은 계축옥사癸丑獄事의 대미를 장식한 것으로 그가 조야朝野를 진동시킨 명문이라 하겠다.

그 다음으로 중요한 장계 문서는 1624년 3월 명明의 칙사 중서사인 허입례許立禮의 접반관이 되었을 때 조정에 올린 6편의 장계로서, 「천사행부마발송사계天使行夫馬發送事啓」 1편, 「도사포접대허천사장계到蛇浦接對許天使狀啓」 4편, 「유철산부장계留鐵山府狀啓」 1편이다. 이들 문건은 중국의 칙사를 맞이하고 접대하는 외교 의례의 진행 과정과 여러 가지 행사 준비 사항들을 조정에 보고한 것이다. 이들은 조선 중기 외교 관련 문서로서 매우 인상적이고 사료적 가치가 높다.

제3권의 잡저雜著 「운계한화雲溪閑話」는 문집에서 가장 중요하고 사료적 가치가 높은 저술이다. 여기에는 시조 벽진장군과 선조 산화山花 선생을 비롯한 조상들의 고사故事와 거주지의 이동 및 묘소의 분포 등에 관한 자세한 내용들이 수록되어 있다. 여기에는 외가 선조들의 계보와 고사도 포함되어 있다. 또한 저자 자신의 생애와 관직 생활 및 사우師友 동료들과의 일화 등이 많이 수록되어 있어 당시의 사대부 사회를 이해하는 데 귀중한 자료가 되고 있다. 그 중에서도 이괄李适의 난과 정묘호란 때 호종扈從하면서 겪은 여러 가지 기록은 당시의 역사 연구에도 참고 자료가 된다.

「운계한화」에서 특히 흥미를 끄는 것은 완석정의 풍수風水와 점복占卜 및 꿈에 관한 관심과 이야기들이 많이 수록되어 있는 점이다. 그는 비록 풍수에 지나치게 빠지지는 않았지만, 부모의 묘를 이장하기 위하여 당시의 소문난 지관地官에게 청탁하기도 하였고, 또는 거주에 적합한 명기名基를 찾기 위하여 지관을 대동하고 여러 곳을 여행하기도 하였다. 1622년의 홈실 방문도 그러한 여행 중의 하나였다. 여기에는 당시의 저명한 풍수였던 두사충杜社忠의 '성주 5명기' 설 및 산화 선생 옛 집터의 길흉에 관한 예언

등도 수록되어 있다.

「운계한화」에는 완석정이 급제하기 전인 1599년에 절친한 친구였던 석담 이윤우, 용계 송광계와 함께 서울 교동校洞에 있는 유명한 점쟁이 장순명張順命에게 점을 보러 간 일을 기록하였다. 여기서 3명은 모두 급제하여 청요직淸要職에 오르게 될 것이라는 점사를 들었고, 후에 실제로 그렇게 되었다. 이 때문에 그들은 점을 신뢰하게 되었는데, 그 후 용계 송광계는 지나치게 점에 몰두하여 복서卜筮에 정통하게 되었으며, 그 자신의 관운과 수명을 정확히 점치기도 하였다고 한다. 완석정 자신은 꿈이 매우 영험하여, 중요한 꿈은 여러 해 잊지 않았는데, 후에 반드시 그 꿈이 현실로 이루어졌다고 말하고 있다. 풍수나 점복 및 꿈에 대한 신뢰는 당시의 사대부 사회에서 매우 일반적인 일이었다.

제4권에는 설說 2편, 논論 7편, 전책殿策 1편이 수록되어 있다. 이들 중 「종서과설種西瓜說」은 학문과 수행이 인격을 수양하는 요체임을 강조한 것이다. 비록 타고난 심성과 자질이 노둔하더라도 부지런히 배우고 수양하면 훌륭한 인재가 될 수 있음을 자신의 경험을 들어 설파한 것이다. 즉 그는 서당 뒤편의 작은 황무지를 개간하여 서과西瓜(수박) 수십 포기를 심었는데, 땅이 척박하여 모종이 부실하고 왜소한 것이 많았는데, 이에 거름을 주고 북돋우어 키우니 결국에는 충실한 모종과 다름없이 자라서 모두 풍미 있는 좋은 과일이 되었다는 것이다. 그는 여기서 공자의 도

학도學을 전수받은 사람도 결국 노둔한 증자曾子였음을 상기시키면서, 맹자의 배양설培養說에 기초하여 면학을 강조하였다. 「자경설自警說」은 여헌 장현광 선생의 학덕을 추앙하면서 그와 같아지기를 스스로 다짐한 글이다. 그 밖에 논 7편은 대체로 중국 역대 황제들의 고사를 들어 바른 정치의 핵심이 바른 심성에서 이루어진다는 것과 나라의 근본인 백성을 아끼고 보살펴야 하는 도리를 설파하였다.

전책殿策은 문과文科 전시殿試에서 시행하는 책문策文을 말한다. 그의 「연보」 세주에 이를 '회시會試 장원'이라고 주기한 것은 착오로 생각된다. 완석정이 장원한 것은 문과의 최종 단계인 전시이지 회시가 아니었기 때문이다. 책문은 특정 시국 현안에 대하여 국왕이 제시한 문제에 대책對策을 논하는 글이다.

이 전책의 핵심은 "국가의 안위安危와 치란治亂은 인사人事의 득실에 있는데, 인사를 극진히 하려면 어떻게 해야 할 것인가?"하는 것이다. 이에 대하여 완석정은 먼저 "주상이 친히 분발하여 창을 베개로 삼고 와신상담臥薪嘗膽의 고사처럼 한다면 요순堯舜과 같은 태평성세가 전개될 것이라고 전제하였다."라고 하고, 이어서 "인사의 요체는 정성을 다하는 데 있으며, 스스로 수양하고 신하들에게 잘 맡기는 것이 중흥의 도리"라고 설파하였다. 그리고 나서 그는 선조宣祖의 실정失政을 맹공하였다. "여러 해 전쟁을 겪고서도 모든 정령政令이 예전의 전철前轍을 밟고 있으며, 모든 말과 실천이 중흥의 군주에 합당하지 아니하고, 이조의 인사 행정이 조변석개朝變夕改로 바뀌고, 임금의 신하에 대한 총애가 이랬다저랬다 하고 있어 관리의 임용에 성의가 미진하다. 난리를 겪은 고단한 백성들에게 가혹한 세금을 징수하고 재능 있는 사람을 배척하고 있다."라고 직언한 것이다. 그 대처 방법으로 완석정은 "임금이 온몸을 던져 수행해야 하고, 성의를 다해 신하들에게 위임할 것이며, 복수復讐의 정신을 더욱 독실히 하고 토적討賊의 의리를 강구할 것이며, 현명하고 유능한 사람들을 임용하여 중책을 맡기면 지성이 감천하게 될 것이다. 중흥의 급선무는 애민愛民에 있으니, 성의를 다해 정사를 펴고 사랑을 베풀어 은택이 백성들의 골수에 미치게 해야 할 것"을 강조하였다. 참으로 직절 명쾌한 문장이라고 할 수 있다. 국왕의 과오를 직설적으로 비판한 것은 대단한 모험이었지만, 시관試官들은 그의 기개를 높이 평가하여 장원으로 뽑았고, 선조도 별로 나무라지 않았다. 여기서 우리는 조선시대 사림정치士林政治의 진수를 볼 수 있다.

문집의 제5권에는 여러 사우 동료들을 위한 제문과 묘갈 등의 금석문 및 행록 등의 전기류 글이 수록되어 있다. 제문 13편은 한강 정구, 여헌 장현광, 대암大庵 박성朴惺, 석담 이윤우 등의 상에 제사한 것과 축문 1편, 기우제 제문 1편 등이 수록되어 있다. 그리고 묘도문墓道文에는 송광계宋光啓의 묘지명墓誌銘, 의병장 우배선禹拜善의 묘갈명, 선고先考 좌랑공의 묘갈명墓碣銘이 포함되어 있다. 행록은 와계臥溪 성우成遇, 장인 죽재竹齋 곽간郭趕, 시조 벽진장군과 산화 선생의 행적을 기록한 것이다. 여기에 모친 경주 최씨慶州崔氏의 유사遺事가 포함되어 있다.

제6, 7, 8권은 문집의 부록으로, 모두 완석정이 타계한 이후에 자손들과 사우 문인들 및 후세인들이 지은 글들이 수록되어 있다. 제6권의 「연보」는 찬자를 알 수 없지만, 완석정이 출생한 해로부터 1680년 묘갈을 세울 때까지의 사적事蹟을 기록하였다.

제7권에는 차자 창진昌鎭이 지은 행장, 용주龍洲 조경趙絅이 지은 묘갈명, 이민구李敏求와 이도장李道長이 지은 2편의 묘지명, 1815년 김홍이 지은 유허비명遺墟碑銘, 1803년 최흥벽崔興璧이 지은 유사가 수록되어 있다.

제8권에는 완석정의 사후에 권목權穆, 이서李舒 등이 지어 올린 제문 12편과 동계 정온, 김식金湜 등이 지은 만사輓詞 4편 등이 수록되어 있다. 그리고 원집에서 빠진 정구와 장현광의 서신 3편과 미수 허목이 1665년에 지은 「완석정기浣石亭記」 및 민형남閔馨男, 오도일吳道一 등이 지은 「완석정제영浣石亭題詠」 7편이 아울러 수록되어 있다. 이상 『완석정집』에 수록한 작품들의 내용을 간략히 정리하면 아래 표와 같다.

권	시문 유형	편수	구성편수	주요 내용
1	시詩	98	시 65, 만사 33	만사는 송광정, 오운, 곽재우 등 애도.
	서書	24		한강寒岡 선생에게 올린 문목問目 등
	소소疏	3		민형남閔馨男 유임 청원소 등
2	정사呈辭	4		사직 신청서
	계계啓	5		관료 때의 보고서
	장계狀啓	2		출장지에서의 보고서
3	잡저雜著			가문 기록 및 조야의 일화 「운계한화雲溪閑話」
	설설說	2		「종서과설西瓜說」 등
4	논論	7		논설
	전책殿策	1		장원 책문策文
	제문祭文	14	제문 12, 축문 1, 기우제문 1	정구, 장현광, 박성, 이윤우 등 제사
5	묘지墓誌	1		송광계 묘지
	묘갈墓碣	1		우배선과 부친 묘갈
	행록行錄	4		성우, 곽간, 시조벽진장군, 선조산화 선생 행록
	유사遺事	1		선비영인최씨유사先妣令人崔氏遺事
6 부록	연보年譜	1		
7 부록	행장行狀	1	차남 창진昌鎭 찬	
	묘갈명墓碣銘	1	조경趙絅 찬	

	묘지명墓誌銘	2	이민구 · 이도장 찬	
	유허비명遺墟碑銘	1	김홍 찬	
	유사遺事		최홍벽 찬	
8 부록	제문祭文	12	정온, 김식 등 찬	
	만사輓詞	4	권목, 이서 등 찬	
	서독書牘	3	장현광의 서	
	기記	1	허목 찬	「완석정기浣石亭記」
	제영題詠	7	민형남, 오도일 등 찬	「완석정제영浣石亭題詠」
별집	「국조실록國朝實錄」	1	실록 기사 발췌	
	「청증작소請贈爵疏」	1	유태좌 대작 유소	
	「청증작시소」 請贈爵諡疏	1	김종규 대작 유소	
	「동완양선생청시건원소」 桐浣兩先生請諡建院疏	1	이천영 대작 유소	

2. 완석정과
미수 허목의 「완석정기浣石亭記」

　‘완석정’은 이언영이 1621년(광해군 13) 벼슬에서 물러나 칠곡 오도촌吾道村의 낙동강 가에 세운 정자이다. 이 정자의 기문은 의정부 우의정을 지낸 대학자 미수眉叟 허목許穆이 짓고 글씨를 썼다. 후에 정자가 허물어지자 ‘완석정浣石亭’은 돌밭[石田] 자고산 근처로 옮겨 지었고, 기문의 판각도 옮겨 달았다. 그러나 1914년에 다시 정자를 자고산 골짜기 안으로 옮겨 지으면서 현판을 ‘낙연서당洛淵書堂’으로 교체한 후에는 판각을 종가에서 보존해 오다가 2013년에 한국국학진흥원에 기탁하였다.

　「완석정기浣石亭記」의 내용은 아래와 같다.

내가 일찌기 난리로 인하여 남쪽지방에 유락한 10년 동안 낙동강가를 세 번이나 지나면서 완석정을 보았다. 완석정이 낙동강 서쪽 언덕에 있어서 강물이 끝없이 넓고 아득한데 그 앞에 큰 돌이 강물에 잠겨 있었으니 그 돌 이름을 완석浣石이라 하였다. 편편한 넓은 모래밭이 상하로 십 리에 펼쳐졌으며 앞의 언덕은 창벽蒼壁을 직면하여 강에 임하였다. 그리고 팔공산八公山과 금오산金鰲山의 쌓인 기운과 뜬 아지랑이를 바라보았다. 대령大嶺(鳥嶺)의 밖으로 강과 산이 구불구불 사문沙門에서부터 물을 따라 내려오다가 강정江亭에 이르러 멈췄다. 또 동북으로 세 번 굽고 꺾여 하산霞山에 이르렀으니, 그 위에 있는 완석정은 이승지李承旨의 별장이다. 광해군光海君이 영창대군永昌大君을 죽이자 정문강공鄭文簡公(휘 薀, 호 桐溪)이 바른말로 직언으로 간하여 사형을 받을 처지에 있었다. 그때 공은 임금에게 간쟁하는 직책을 맡고 있었기 때문에 역시 탄핵을 받아 함께 죄를 얻었다. 뒷날 광해군이 폐위되자 인조仁祖 임금이 불러 관직에 복직되었다. 나는 한강寒岡 선생의 영남 거처에서 처음으로 선생을 뵈었다. 오래지 않아 선생이 돌아가시자 정자의 주인이 없게 되었다. 이제 그분의 맏아들(李斗鑌)이 어질고 문학을 좋아하여 능히 그 아버지가 남겨놓은 가르침을 잃지 않았다. 그래서 내가 늙었음에도 오히려 문묵文墨을 좋아하고 일삼는다고 하여 정자의 현판을 옛 글씨체로 요청하고

「완석정기」 판각 원본(국학진흥원 소장)

아울러 이 정자의 옛 사연을 써달라고 하였다. 현종顯宗 6년 1680년 하지夏至 후 2일 공암孔岩 허목許穆 기記.

「浣石亭記」原文

僕嘗因亂落南十年, 三過大江之干, 觀所謂浣石亭. 亭在大江西畔, 江波渺漫, 前有巨石浸江, 號曰浣石. 平沙瀰漫, 上下十里, 前岸直對蒼壁臨江, 望八公金鼇積氣浮嵐. 大嶺之外, 江山回互, 自沙門溯流, 三屈折而至浮江亭. 又東北至霞山, 其上浣石, 此李承旨浣石別業. 光海殺永昌, 鄭文簡公直言極諫論死, 公當言責, 亦以論列, 幷得. 後光海廢, 復召用. 僕初識公於四寒翁南郭僑寓. 未久, 公亡而亭無主人. 今其嗣男賢而嗜文學, 能不墜先人餘敎, 以僕老而猶喜文墨爲事, 求亭額奇字古文, 仍請記亭上

古事. 上之六年夏至後二日, 孔巖許穆眉叟記.

　「완석정기」는 선생의 절의와 학덕을 기려 건립된 낙연서당
에 걸려 있었다. 이 낙연서당은 왜관읍 석전동石田洞 803-2 자고
산 아래에 있다. 이 서당 근처 강가 공암孔巖에는 원래 완석정의
증조 진사 이인손李麟孫(1481년생)이 1519년(중종 14)에 지은 정자가
있었다. 이 선정先亭을 완석정의 아버지 이등림李鄧林(1535-1594)
이 개축하여 만년을 보내면서 자신의 호를 공암이라 하였으므로
정자를 공암정孔巖亭이라 부르게 되었다.
　완석정은 1621년(광해군 14)에 성주 낙동강변 오도촌에 세웠
으나 후손대에 이르러 퇴락해지자 선산이 있던 돌밭 자고산 자락
의 공암정 자리에 옮겼다. 예전에 있었던 공암정이 이 무렵에는
퇴락하여 없어졌기 때문이다. 이곳으로 옮겨 온 이후에도 정자
의 이름은 그대로 '완석정'이라고 하고 현판도 그대로 걸었다.
그러나 1900년대 초 근처에 경부선이 개통되고 일인日人들의 왕
래가 많아지자, 1914년에 작은 골짜기 안쪽인 지금의 자리로 옮
겨 세우고, 현판도 '낙연서당洛淵書堂'으로 교체하였다. 미수가
쓴 원래의 '완석정' 현판은 따로 보존하였다. 낙연서당은 오늘날
까지 벽진이씨 완석정파의 종당宗堂으로서 학문연구와 친목을
다지는 회합의 장소가 되고 있다.
　낙연서당 상량문은 11대 종손 송강松岡 이우태李愚泰 선생이

낙연서당 전경

찬술하였다. 이 서당의 외삼문外三門 전면前面에는 완석정의 유허
비가 세워져 있다. 비명碑銘은 1815년(순조 15) 3월에 오위도총부
부총관五衛都摠府副摠管 김홍金垙이 찬하였다. 낙연서당의 외삼문
은 화재로 소실되어 최근에 문중에서 재건하였다.

3. 이주천의 『낙저유고洛渚遺稿』

　　『낙저유고洛渚遺稿』는 이주천이 남긴 저작들을 후손들이 정리하여 편집한 문집이다. 모두 11권 4책의 필사본이다. 제1~6권은 내편內篇으로 시와 여러 장르의 문장을 수록한 것이며, 제7~11권은 외편外篇으로 그의 저서 한문소설과 학술서들을 모은 것이다. 이들은 춘·하·추·동 4책으로 장정되어 있다. 춘春의 권1~2에는 시, 사辭, 부賦 상량문, 주奏, 전箋을 수록하였고, 하夏의 권3~6에는 기記, 논論, 서序, 설設, 제문, 잡저雜著, 묘지, 찬讚, 가장家狀을 수록하였다. 추秋의 권7~8에는 소설 「금산사창업연록金山寺創業宴錄」, 「사장백전지詞場白戰誌」를 수록하였고, 동冬 권9~11에는 「신증황극내편新增皇極內篇」, 「신증태현경新增太玄經」, 「신증팔진도新增八陣圖」, 「단시점서斷時占書」를 수록하였다. 유고에는 포함되어 있지 않지만, 별도의 간찰簡札 2편이 책갈피에 끼어 있다.

낙저의 유고遺稿는 문집으로 간행되지 못하고 원고로 남아 있다가 일제시기에 종 후손 후석后石 이주후李周厚(1873~1957) 선생에 의해 편집되어 필사본 몇 질이 『낙저유고』란 이름으로 전하게 되었다. 이 필사본은 체제가 완비되지 못하였으며, 교정도 충분히 이루어지지 않았다. 특히 이 유고본에는 간찰서신이 한 편도 수록되어 있지 않은데, 그것은 그가 각 처로 보낸 편지 사본들이 수습되지 못하였기 때문이다. 현재 본서의 책갈피에 참봉 이영세李榮世에게 보낸 간찰 2건이 끼워져 있다. 본서는 미완성 문집이라고 할 수 있지만 상당한 분량을 이루고 있으며, 그 중에는 학술적 가치가 높은 저작들이 다수 포함되어 있다. 낙저 유고는 현재 주손 이성기李成基(1944~) 선생의 주관 하에 국역 간행 작업이 진행되고 있다.

『낙저유고』의 특징을 몇 가지 본다면 먼저 시부詩賦가 많은 분량을 차지하고 있는 점이다. 권1~2에 시輓詞 포함 95수와 사辭 2편, 부賦 2편이 수록되어 있다. 낙저는 당시에 이미 시로 명성이 높아 경연經筵 석상에서 숙종의 어제시御製詩에 연구聯句를 붙일 정도였으므로 유고에 시가 많은 것은 당연하다 하겠다. 이 시들은 주로 각지를 여행하였을 때 지은 산수의 경물景物을 읊은 것이 많고 거기서 동료 붕우들과 수작하여 차운하거나 연구로 지은 것이 많다. 그 중에서 그 자신이 직접 가서 본 것은 아니지만 「명부의 금강기행을 보고觀明府金剛紀行」는 모두 234운韻에 이르는 대작이다. 그 밖에 주변 인물들의 상사喪事에 지은 만사가 많다.

다음으로 『낙저유고』에서 주목되는 것은 권7에 수록한 「금산사창업연록」과 권8에 수록된 「사장백전지詞場白戰誌」 등 한문소설 2편이다.

「금산사창업연록」은 몽유소설夢遊小說의 일종이라고 할 수 있는데, 중국 강동江東 출신의 주인공(一秀才)이 천하를 유람하다가 남경南京 근처의 금산사金山寺에서 길을 잃고 절에 들어가 잠들었다가 꿈속에서 본 광경들을 묘사한 것이다. 이 절에서 한 고조漢高祖[劉邦], 당 태종唐太宗[李世民], 송 태조宋太祖[趙匡胤], 명 태조明太祖[朱元璋] 4인의 창업 제왕들이 당대의 공신들과 함께 연회를 열고 있었는데, 여기에 진시황秦始皇, 항우項羽, 조조曹操, 유비劉備, 손권孫權 등의 군주와 제갈량諸葛亮 등 많은 영웅들이 참가하여 역사상의 시비와 공과功過를 토론하고 노래를 부르며 즐기는 것이다. 막판에는 흉노족의 묵특冒頓, 전진前秦의 부견符堅, 선비족의 탁발씨拓拔氏와 우문씨宇文氏, 몽고족의 칭기즈칸, 여진족의 아골타阿骨打 등 5호의 오랑캐들이 침략하여 난장판이 되었는데, 명 태조가 분연히 일어나 그들을 진압하여 퇴치한다는 내용이다. 이 작품은 소설의 형식을 취하고 있지만, 사실상 중국 역사 이야기이며, 역사 인물 평론서라고 할 수 있다. 이러한 종류의 소설은 조선 후기 유학자들 사이에서 유행한 것으로 보이는데, 본서 외에도 작자 미상의 「금화사몽유록金華寺夢遊錄」이 전하고 있다. 후자도 같은 형식의 내용 구성에 거의 비슷한 이야기를 담고 있지만 분량은 「금산사창업연록」의 절반에 불과하다. 두 작품의 선후 관계나 원본－모작 관계는 앞으로 정밀한 연구가 필요하다.

「사장백전지」는 중국 역대의 문장가, 시인, 서예가, 예술인들이 등장하여 시문을 겨루고 가상 전쟁을 벌이는 이야기를 허구화한 소설이다. 여기에는 사마천司馬遷, 굴원屈原, 조식曹植, 이사李斯, 모연수毛延壽, 동중서董仲舒 등이 각 파의 대표로 나오고, 가의賈誼 양웅楊雄 반고班固, 이백李白 두보杜甫, 사마상여司馬相如, 왕희지王羲之, 낙빈왕駱賓王, 왕발王勃, 가의賈誼, 양웅揚雄, 한유韓愈 등 수많은 재사들이 나와 시문을 겨루고 흥미진진한 가상 전쟁을 벌이다가, 결국에는 공자를 받들어 유학을 수호하는 동중서 등의 경학파經學派가 최후의 승리를 거둔다는 이야기이다. 역시 소설의 형식을 빈 중국의 학문 문학 예술계의 설화집이라고 할 수 있다. 이 두 편의 소설은 일반 유학자들의 문집에서는 찾아보기 어려운 것이다.

『낙저유고』에서 가장 중요한 부분은 제9~11권에 수록한 학술서로서 『신증황극내편新增皇極內篇』, 『신증태현경新增太玄經』, 『신증팔진도新增八陣圖』가 그것이다. 이들은 낙저의 신증新增 3부작이라고 할 수 있는데, 최고의 학술 업적이라고 할 수 있다.

이 중에서 제9권에 수록한 「신증황극내편」은 중국 남송 때의 학자로서 주자朱子의 제자였던 채침蔡沈의 『홍범황극내편洪範皇極內篇』을 증보增補한 책이다. 『홍범황극내편』은 만물의 근본 원리를 수數로써 상징화하고, 수의 조합에 의해 인간과 사물의 생성 변화 소멸을 설명하며 미래의 길흉화복을 점치는 상수학象數學 저술이다. 상수학에서는 『주역』과 달리 3을 기준으로 하여, 1에서 3이 되고, 3에서 9가 되어 9주九疇를 만든다. 9주의 중복은 81주가 되고, 81주의 중복은 6,561가 되어 수가 완성된다. 『홍범황극내편』은 이 9주疇의 조합과 응용으로 만물의 이치를 설명하고 6,561경우의 수로서 미래를 점친다. 이 책은 8괘卦와 9주의 차이만 있을 뿐, 그 원리와 체계는 『주역』과 같은 형식으로 되어 있다. 본서는 제2의 『주역』이라고 할 수 있으며, 흔히 천지의 조화를 밝힌 책으로 칭송되고 있다. 낙저의 「신증황극내편」은 81개의 범주範疇 중에서 채침이 미처 완성하지 못하였던 80범주의 "수완數曰" 부분을 완성하여 보충하였고[補亡], 각 범주의 주설疇說도 붙였다. 이는 우리나라에서 뿐만 아니라 중국 상수학의 역사에서도 없었던 업적이다.

제10권에 수록한 「신증태현경」은 한나라 학자 양웅揚雄이 저술한 『태현경太玄經』을 증보한 것이다. 『태현경』은 유가儒家, 도가道家, 음양가陰陽家의 사상을 종합하여 이루어진 것으로서, 중국 상수학의 선구가 되었던 책이다. 여기서도 1, 3, 9, 81, 729 등의 수로 나아가는데, 81개의 범주가 기준이 된다. 이는 우주 생성의 도식圖式을 구축하고 사물이 발전과 그 때의 법칙을 설명한 것인데, 기본은 노자老子의 '현현지우현玄玄之又玄'의 원리에 기초를 두었다. 이 역시 『주역』과 유사한 상수학적 저술이라고 할 수 있다. 낙저의 「신증태현경」은 「신증황극내편」에서와는 달리 전문全文에 주석을 단 것이 아니라, 주요한 내용을 도표로 재구성하고, 「천일설天一說」, 「지이설地二說」, 「인삼설人三說」, 「삼현총설三玄總說」 등 4편의 논설을 붙인 것이다. 이 역시 우리나라 태현학太玄學에 백미가 되는 업적이다.

제11권에 수록한 「신증팔진도新增八陣圖」는 제갈량諸葛亮이 저술한 병서兵書인 『심서心書』 중에서 「팔진도」를 해설 증보한 것이다. 「8진도」는 제갈량이 중국 고래의 하도河圖, 낙서洛書, 정전법井田法과 『주역』 팔괘八卦의 배열법을 조합하여 작성한 진법도陣法圖이며, 그 기본은 『주역』에 근거한 팔괘진八卦陣이다. 낙저의 「신증팔진도」는 제갈량의 「팔진도」에 해설을 붙이고 또 자신이 새로 작성한 '신증도新增圖'를 덧붙인 것이다. 본서에는 모두 31개의 도표가 수록되어 있는데, 제갈량이 작성한 원도는 「광도팔진지도廣都八陣之圖」, 「어복팔진지도魚復八陣之圖」 등 모두 17개이고, 낙저가 새로 작성한 '신증도'는 「신증팔진원포도新增八陣圓布圖」, 「신증팔진방포도新增八陣方布圖」 등 모두 14개이다. 이들 '신증도' 역시 하도, 낙서, 정전井田과 『주역』 팔괘에 이론적 근

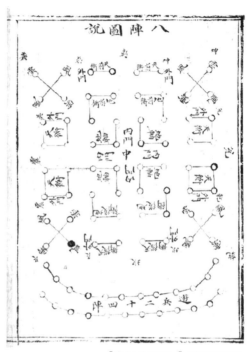

「팔진도설八陣圖說」 『낙저유고洛渚遺稿』

거를 두었고, 제갈량의 원도를 기초로 변형하여 작성된 것이지
만, 낙저의 독창성이 돋보이는 작품이다. 낙저는 많은 '신중도'
를 작성했을 뿐만 아니라 제갈량의 원도에 대해서도 새로운 해설
들을 많이 붙였다. 「신중팔진도」는 병자호란 후 조선 지식인들의
위기의식을 반영한 것이며, 청나라의 군사적 위협 속에서 제갈량
의 역할을 자부하고 싶었던 낙저의 의지를 반영한 작품이라고 할

수 있다.

　제11권의 후미에 수록된 「단시점서斷時占書」는 조선 후기에 점복占卜으로 이름이 있었던 이묵李默의 단시점斷時占을 해설한 작품이다. 이묵은 자신의 점법을 기록해 두었던 것 같지만, 거의 유실되고 몇몇 조항들만 전해지고 있었다. 낙저는 그의 점법이 망실되어 후세에 전해지지 못할까 염려하여 이들을 수집해 해설을 붙인 것이다. 낙저는 이묵의 단시점도 하도河圖 낙서洛書 『주역』 「홍범洪範」에 기초하여 이루어 진 것으로 이해하였다. 그래서 그의 「단시점서」도 단시점을 역학易學과 상수학의 원리로 해설한 것이었다. 낙저가 점서에 관심을 두었다는 것은 특이하지만, 이 역시 그의 상수학에 대한 관심과 조예에서 기인한 것이라 할 수 있다.

4. 완석정종가의 유물

　어느 종가나 그러하겠지만, 완석정종가의 가장 소중한 유물
은 문집의 목판木版과 문집, 고문서, 교지, 분재기, 간찰 기타 고서
들 및 판각류板刻類 등이다.

　『완석정집』의 초간본 목판은 모두 150여 장으로 19세기 초
순조 연간에 조성된 것인데, 오랫동안 종가에서 보관하고 있다가
다른 유품 및 고서들과 함께 2013년에 안동 국학진흥원에 기탁
하였다. 이때 1680년(숙종 6) 미수眉叟 허목許穆이 짓고 글씨를 쓴
「완석정기浣石亭記」 등의 판각 3점도 함께 기탁하였다. 「완석정
기」 판각은 원래 칠곡의 강정江亭에 걸었던 것이지만, 건물이 퇴
락하여 무너진 후에는 종가에서 보관해 오던 것이었다. 국학진

홍원에 기탁된 목판은 2015년에 다른 목판들과 아울러 유네스코 세계기록문화유산으로 등재되었다.

종가에서 보관해 오던 고문서는 대략 800여 점인데, 관리의 어려움 때문에 2002년에 한국학중앙연구원에 기탁하였다. 여기에는 홍패紅牌를 비롯한 교지敎旨, 고신告身, 녹패祿牌 등 교령류敎令類가 6종 73점, 소차疏箚, 계본啓本, 장계狀啓 등의 초본 6종 75점, 첩帖 관關 통보류 등의 공문서 2종 6점인데, 여기에는 전령傳令과 해유解由 문서 묶음이 포함되어 있다. 입안立案, 호적戶籍, 완문完文, 수기手記, 완의完議 등의 증빙류 문서가 7종 22점, 분재기分財記, 계후명문繼後明文 등 문기류가 3종 31점, 간찰簡札, 통문通文, 혼서婚書 등의 통고류通告類 문서가 4종 181점, 홀기笏記, 집사기執事記, 선대세계先代世系 등을 포함한 치부致賻 기록류 문서가 8종 21점, 시문류詩文流 10종 207점과 기타 성책 고문서가 112책에 이르고 있다. 한국학중앙연구원에 기탁된 고문서들은 전문가들이 분류 정리하여 2009년에 『한국고문서집성』 제93집으로 간행하여 배포하였다.

기타 종가에서 보물로 여기는 유품들은 기탁하지 않고 보관해 둔 직계 선조의 문집 간본刊本들, 사당에 비치된 오래된 집기와 제기 등의 제사 용품들이라고 할 수 있다.

제5장 완석정종가의 경제 기반과 문중 조직

1. 완석정종가의 경제적 기반

　　완석정 가문의 경제적 기반은 그의 증조부인 진사 이인손李 麟孫(1481-?) 때 크게 확충된 것으로 종가에서 전해오고 있다. 그리 고 부친 공암孔巖 이등림李鄧林(1535-1594)과 완석정 자신의 대에 는 확고한 기반을 가졌던 것으로 보인다. 1592년 임진왜란 때 망 우당忘憂堂 곽재우郭再祐가 의병을 일으키자 완석정 일가는 전답 을 팔아 전마戰馬 40필을 구입하여 의병에 가담하였다. 당시 전마 1필 값이 전답 4-5두락 정도였으므로 전마 40필은 거의 전답 200여 두락에 해당하였다. 이를 보면 당시 완석정 일가의 경제 규모를 짐작할 수 있다.

　　완석정의 사후에 작성된 분재기에 의하면 완석정 자신이 남

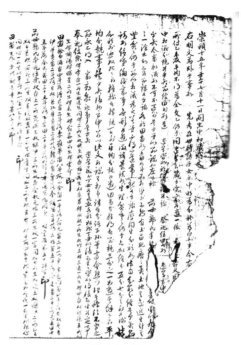

「화의명문」『한국고문서연구』93권 소재

긴 유산은 노비 101명, 논 1,048두락, 밭 1,456두락 및 서울과 향리의 가옥과 강정江亭 등으로 상당한 규모였음을 알 수 있다. 현재 남아 있는 이 집안의 가장 오랜 재산 문서는 1642년(인조 20) 7월 11일에 작성된 완석정 자녀들의 「화의명문和議明文」이다. 이는 완석정이 작고한 3년 후에 작성된 분재기分財記로서 일반적으로 화해문기和解文記라고 부르는 것이다.

이 문기를 작성할 때는 7남 3녀의 자녀들 중 이미 작고한 맏사위 박종주朴宗冑는 아들이 대신 참석하여 서명하였고, 셋째 사위 허해許垓와 별자 이명진李名鎭(후에 重鎭으로 개명)은 참석하지도 서명하지도 않았다. 그러나 상속권자들에 대한 분재는 정상적으로 이루어져 문기가 작성되었는데, 이 문기의 기록자는 둘째 사위로서 후에 이조판서에 오른 귀암歸巖 이원정李元禎이다.

이「화의명문」의 분재 내용은 아래 [표 5]와 같다. 봉사위조는 완석정의 전 부인 현풍곽씨 분을 포함하여 노비 20명, 논 45두락, 밭 70두락과 사당을 포함한 종가 가옥이다. 적 자녀들의 상속분은 대략 노비 10여 명, 논 110두락, 밭 200여 두락 정도로 비교적 평균분급에 가깝지만 똑같이 분급하지는 않았다. 장자이며 봉사자奉祀子였던 이두진李斗鎭은 위의 봉사조 외에 노비 5명, 논 110두락, 밭 205두락, 강정江亭(浣石亭) 9칸을 추가로 받았다. 따라서 그의 상속 총액은 노비 25명, 논 155두락, 밭 270두락으로 가장 많았다.

차자였던 창주滄洲 이원진李遠鎭(후에 昌鎭으로 개명) 몫으로는 노비 15명, 논 218두락, 밭 192두락 및 서울의 와가瓦家 36칸 등으로 장자 외 다른 형제들에 비하여 현저히 많이 분급 받았다. 이는 집안에 대한 그의 기여가 많았던 때문으로 생각된다. 맏사위 박종주朴宗冑의 몫은 다른 형제들보다 현저히 적은데, 그는 광해군 때 홍문관 부교리, 이조정랑, 대사간 등의 요직에 있으면서 이이

첨 일파와 같이 서궁 유폐를 주장하다가 완석정에게 절교를 당했고, 인조반정 이후에 처형되었다. 이러한 일 때문에 다른 형제들보다 상속분이 적었던 것으로 생각된다. 셋째 딸은 군수를 지낸 허해許垓의 부인이었는데, 분재 당시에는 아직 결혼을 하지 않았다. 문기에는 '삼매三妹'라고만 표시되어 있고 서명 난에도 이름을 공란으로 비워두고 서명(手決)이나 답인踏印을 하지 않았다. 그러나 그의 상속 몫은 둘째 사위 이원정과 거의 비슷하였으므로 정상적으로 상속을 받은 것이다. 이를 보면 적실 자녀들에 대한 상속분은 대체로 균등하여 법전의 평균분급 원리에 맞는 것이었다. 다만 서울과 향리에 있었던 종가를 비롯한 여러 가옥들은 장자와 차자에게만 주어졌다는 점이 이색적인 것이다.

이명진을 비롯한 별자들의 상속 몫은 적 자녀들에 비하여 대단히 적다. 노비는 각기 2~3명으로 적 자녀들 몫의 1/6 정도에 불과하고, 논은 1/2 정도, 밭은 1/3 정도에 불과하다. 그래도 『경국대전』에 명시된 상속분 1/7보다는 많은 편이므로 상당히 배려해 준 것으로 생각된다. 이 중에서도 첫째였던 이명진의 몫은 다른 형제들보다 많았다. 이를 보면 완석정 자녀들의 1642년 「화의명문」에 나타난 상속의 내용은 조선 중기 일반 사대부 집안의 상속 관행과 비슷한 경향을 보이고 있다고 하겠다. 즉 법전의 평균분급 원칙에 맞추면서도 집안에 대한 공로나 개인적인 잘잘못에 따라 약간의 차등을 둔 정도였다고 하겠다. 자세한 내용은 아래 표를 참고하기 바란다.

[표5]이언영 자녀의「화의명문和議明文」분재 개요

1642년(인조 20) 7월 11일 작

상속자	노비인	답畓, 두락	전田, 두락	기타가옥 등	비고
봉사위조奉祀位條	8	37	70	석전의 종가, 사당	
전모봉사위조前母奉祀位條	12	8			
이두진李斗鎭	5	110	205	강정 9칸	
이원진李遠鎭(昌鎭)	15	218	192	서울 와가 36칸, ○○500칸	
이문진李文鎭	13	108	217		
이영진李穎鎭	11	111	240		
박종주朴宗冑	9	96.5	79		1623년 처형
이원정李元禎	10	110	221		
3매三妹(미혼)	11	111	43		미혼
이명진李名鎭(重鎭)	3	61	76		
이휘진李徽鎭	2	31.5	59.3		
이경진李景鎭	2	46	54		
합계	101	1,048	1,456.3		

완석정종가의 경제 기반은 장자 이두진이 1642년에 상속받은 노비 25명, 논 155두락, 밭 270두락이 기초가 되었다고 할 수 있다. 여기에 그의 부인 야성송씨冶城宋氏가 친정에서 상속받은 재산이 더해졌을 것인데, 그 규모는 알 수 없다. 완석정의 종손들은 대체로 형제가 많지 않았으므로 조선 말기에 이르기까지 이 정도의 경제적 기반이 유지되었을 것으로 생각한다.

산지나 임야는 조선시대에 사유가 인정되지 않고, 품계에 따라 묘소 주위에 일정한 보수步數만큼 관리권이 주어졌지만, 한말韓末의 토지조사사업土地調査事業과 등기제 시행으로 묘소 주변의 임야가 사유재산화한 경우가 많았다. 완석정종가에서도 여러 지역에 많은 조상들의 묘소를 관리하고 있었으므로 주변 임야 중에 재산으로 등록된 것이 많았다. 그러나 이들은 종산宗山으로 관리되고 있으며, 현재는 모두 종중 소유로 등기되어 있다.

2. 완석정 후손 문중의 종회

　　우리나라에서는 전통시대에 웬만한 가문에서는 남계 친족들
의 결사체인 종회가 있었지만, 그 운영은 대부분 종손과 문장門長
을 중심으로 몇 사람의 유사有事가 관습적으로 운영한 것이 보통
이었다. 재산의 관리도 선조의 유언이나 훈계 같은 것을 기초로
하여 이루어졌고, 계안契案과 같은 것으로 규정하기도 하였다.

　　완석정종가에도 종회의 조직 기록이라고 할 수 있는 「종안宗
案」이 전해 오고 있다. 『한국고문서연구』 제93권에 수록된 이
「종안」은 영조 45년(1769)에 처음 작성하여 광무 연간까지 250여
년간 꾸준히 추록되었다. 종회는 주로 완석정 불천위 제삿날(음력
9월 16일)에 열리고 여기서 주요 공사公事가 이루어져 상벌이 결정

되기도 하며 「종안」이 추록되기도 하였다. 「종안」에는 종원의 명단과 종의의 주요 내용이 간략히 수록되어 있다. 명단에는 종군宗君(종손), 문장 이하 여러 종원들이 항렬과 연배 순으로 기록되었다. 기록 내용은 성명, 과명科名, 관작, 생년월일, 거주지 등이었다.

종안은 특정 문중의 종원들로 구성하는 향안鄕案의 일종이라고 할 수 있다. 완석정 문중의 「종안」에는 '종약宗約'이 수록되어 있지 않지만, 향약의 일반 원리가 적용되었을 것으로 생각된다. 즉 일가친척들을 교화선도하고 상부상조하기 위한 덕업상권德業相勸, 과실상규過失相規, 예속상교禮俗相交, 환난상휼患難相恤의 4대 강목이 그것이다. 이 「종안」에는 가끔 명단 위에 붉은 먹으로 '죄삭罪削'이 표시된 경우도 있는데, 이는 무슨 죄과나 허물로 문중에서 추방된 처벌의 표시이다. 종안에 '죄삭'이 되면 종족 공동체에서 용납되지 않았으므로 향리에서 살 수 없고 타향으로 유리遊離 되지 않을 수 없었다. 이러한 종회의 엄격한 관리 때문에 완석정 문중의 기강이 유지되고 학문과 덕행이 장려되었을 것으로 생각된다.

전근대 시대에는 종회와 「종안」이 있었음에도 불구하고 종중의 재산 관리에 대한 기록은 많지 않아 대개 관행적이고 불문법적으로 이루어진 것으로 보인다. 선조들의 묘소가 있는 선산이나 위토位土와 같은 공동 재산도 관리의 주체가 명확하지 않고

관념적으로 유지되었다, 이 때문에 종손이나 문장과 같은 소수의 종원들에 의해 관리가 이루어졌으며, 그것을 양안量案이나 등기부에 올리는 일이 드물었다. 이 때문에 1910년대에 시행된 토지조사 사업 때 증빙 문서가 없어 국유화 되는 등 여러 가지 문제가 발생하였다. 일제시기에 부동산의 등기 제도가 확립된 후에도 문중의 공유 재산을 종손이나 몇몇 유사들의 개인 이름으로 등기하기도 하고 종중의 이름으로 등기하기도 하였다. 이 때문에 문중의 재산 문제를 두고 오늘날까지도 여러 가지 복잡한 문제들이 일어나고 있다.

완석정 후손들의 경우에도 예전에는 종손이 주로 관리하였지만, 1988년 이후에는 종회가 결성되어 대부분의 선산과 위토가 종회 이름으로 등기되었다. '벽진이씨완석정파종회碧珍李氏浣亭派宗會'는 1988년 3월 20일에 결성되어 회칙이 제정되었다. 회칙은 이후 3번 개정되었지만, 그 근간은 크게 변하지 않았다. 회칙에 명시된 완석정파의 종회 목적은 1. 경조敬祖와 경종敬宗, 2. 회원의 복리 증진, 3. 종중 재산의 유지 관리와 증식을 위한 것이다. 그리고 이러한 목적으로 종족의 결속을 위한 조직을 강화하고, 선조의 묘소·재사·유적을 보존 관리하고, 회원 간의 친목과 복리를 증진하며, 문중 재산을 조성·관리하고 증식하며, 기타 필요한 사업들을 하고 있다.

완석정파 종회의 운영은 회의의 소집, 회장 감사, 이사 등의 임원 선출, 이사회의 운영 및 상벌賞罰 등의 시행 면에서 사회 일반의 그것과 특별히 다르지 않다. 종회의 재정도 회원들의 회비와 부담금, 종중 명의로 등기된 부동산과 각종 재산권, 부동산의 임대 수입 등으로 운영된다. 이러한 재산 관리에 대하여는 1988년 3월에 제정된 자세한 '재산관리규약財産管理規約'을 마련해 두고 있다.

완석정파 종회는 1988년에 결성된 이후 아무런 잡음 없이 27년간 잘 운영되어 왔다. 종회의 상임 고문으로는 13대 종손 이종건 선생이 종신으로 있으며, 초대 회장은 이우동李愚東 선생이었고, 현재는 이우각李愚표 검사장이 제6대 회장을 맡고 있다.

제6장 완석정종가의 의례와 예속

1. 완석정종가의 가례

완석정종가는 전통 있는 유가儒家 가문이므로 모든 의례와 예속이 유교 특히 성리학에 뿌리를 두었다. 그리고 성리학 의례는 바로 주자 『가례家禮』라고 할 수 있다. 그러므로 완석정종가의 관혼상제 의식도 『가례』에 따라 행해졌다. 『가례』는 주자가 편찬한 것으로 알려져 있어 최고의 권위를 가지고 있지만, 지나치게 소략한 면이 있었고 우리나라와 중국의 실정이 맞지 않는 것도 있었다. 이 때문에 조선시대의 유학자들 중에는 유교의 고전 예법을 연구하여 가례를 보완한 분들이 많았다. 사계沙溪 김장생金長生이나 한강寒岡 정구鄭逑 같은 분들이 대표적인 학자들이다. 사계는 『가례집람家禮輯覽』과 『상례비요喪禮備要』, 『의례문해疑禮問

解』 등을 저술하였고, 한강은 『오선생예설분류五先生禮說分類』,
『심의제조법深衣製造法』, 『예기상례분류禮記喪禮分類』, 『가례집람
보주家禮輯覽補註』 등을 저술하고, 『퇴계상제례문답退溪喪祭禮問答』
을 간행하였다.

　완석정은 한강의 제자였고, 그 자신도 예학에 많은 관심을
가지고 있었으나, 특별히 『가례』에 관한 책을 쓰지는 않았다. 따
라서 그와 그의 후손들은 관혼상제의 실천에 대체로 『가례』 원서
를 주로 삼고, 한강의 『가례집람보주家禮輯覽補註』와 『퇴계상제례
문답退溪喪祭禮問答』 등을 참고하였을 것으로 생각된다. 현재 종가
에 의례 관계 문헌이 남아 있지 않아 단언하기 어렵지만, 완석정
의 불천위 제사 의례 등을 관찰하면 『가례』의 일반적인 절차를
따르고 있음을 볼 수 있다.

　모든 종가가 다 그렇지만, 완석정종가에서도 가장 중요한 가
정의례는 제례祭禮였다. 상례喪禮도 중요하기는 하지만, 그것은
10년이나 20년마다 한 번 있을까 말까 하는 일이고, 관례와 혼례
는 그 의미에 비하여 실제의 행사가 그렇게 중요한 것은 아니다.
그러나 제례는 종류도 많고 행하는 횟수도 많다. 완석정종가에
서는 1980년대까지 매년 불천위 제사를 세 번(완석정 기일 · 부인 두
분 기일), 고조 이하 4대조의 기제忌祭가 열두 번, 명절(설, 추석, 단오,
한식, 동지) 차례茶禮와 천신薦新 등 여섯 번을 지냈고, 음력 10월에
는 15일에 걸쳐 30곳의 선조 묘소에서 묘제墓祭를 정기적으로 지

냈다. 그리고 매월 삭망朔望에는 사당에서 알묘례謁廟禮가 있다. 그러나 완석정종가에서는 어느 때부터인가 4계절마다 행하는 시제時祭는 행하지 않았다.

이러한 정규적인 제사 외에도 선 종손의 삼년상이 끝나고 신주를 가묘家廟에 부묘祔廟하면 길제吉祭가 있었고, 동종 종인들의 결혼과 고시 합격, 국회의원 당선, 장관 취임 등의 경사가 있을 때는 종손이 이를 사당에 고유告由하는 제사가 있었다. 사당과 관련한 의례는 종손의 고유 임무였고 다른 후손들은 할 수 없는 일이었기 때문에 종손의 행사는 끝이 없었다.

완석정종가의 기일 제사는 『가례』에 근거하여 고위考位와 비위妣位의 제사를 따로 모시는 단설單設로 행하였다. 그래서 신주도 한 분만 모시고 축문의 두사頭辭에도 한 분만 썼다. 그러나 사회의 변천 및 예속禮俗의 간소화 추세에 따라 완석정종가에서도 제례를 간소화 하였다. 2014년부터 불천위 제사는 완석정 선생의 기일에 부인들도 함께 모셔서 합설合設로 제사를 지내고, 고조와 증조 고비의 신주는 매주埋主하였으며, 조부모와 고비考妣의 제사는 고위와 비위를 합사하여 고위의 기일에 지내고 있다. 차례도 설, 추석에만 사당에서 봉행하고 있다. 그러나 여러 선조들의 묘제는 제수를 간소화하였지만 빠지지 않고 각처의 묘소에서 봉행하고 있다.

완석정종가의 제례 간소화는 시속時俗의 변화 추세도 있지만 종손 자신과 자녀들의 오랜 공직 생활로 인해 일가의 생활 터전이 서울과 경기 지역에 있고, 주거도 아파트이기 때문에 부득이한 측면도 있었다. 그러나 종손은 매월 2회 이상 홈실 종가로 왕래하며 사당을 관리하고 있다. 불천위 제사와 묘제는 반드시 종가와 묘소 현지에서 행하고 있으나, 조부 이하의 기제와 명절 차례는 종손의 현 주거지인 용인 자택에서 행하고 있다.

2. 불천위 제사

　　완석정 선생은 지역 유림의 추중을 받아 향불천위鄕不遷位로 받들어져 매년 기일(음력 9월 16일)에 불천위 제사를 올리고 있다. 2013년까지는 부인 두 분의 제사도 기일에 행하였으나, 최근에는 간소화하여 완석정의 기일에 합설하여 함께 행하고 있다. 불천위 제사 때는 많은 후손들이 집결하여 참례하고, 부인들은 제수 준비에 동참하고 있다. 제수는 계절에 맞추어 매우 풍성하게 많이 준비하였으나, 근래에는 비교적 간소화하였다. 예전에는 제전祭田이 있어 종가에서 직접 제수를 준비하였으나, 근래에는 종회宗會에서 경비를 지출하여 준비하고 있다.

　　불천위 제사도 기일에 올리므로 그 절차나 축문도 일반 기제

忌祭와 같지만, 많이 간소화되었다. 예전에는 기일 전날 주요 참사자들이 모여 함께 재계齋戒를 하였으나, 근래에는 당일 오후에 모여 문중의 주요 현안을 의논하거나 환담을 나누는 시간을 갖는다. 그리고 제사 행례의 역할 분담을 위하여 집사를 의논해 정하고 분정기分定記를 작성한다. 예전에는 집사가 매우 많았으나, 근래에는 헌관獻官, 집례集禮, 봉작奉爵, 좌우 집사 등 최소한으로 간소화 하였다. 제사의 시각도 예전에는 축시丑時(새벽 1~3시)였으나 근래에는 자정에 시작하고 있다.

제사 장소는 정침의 대청이다. 초저녁에 청소를 마치고 병풍과 제상 및 신주 봉안 의자를 설치한다. 8시쯤부터 제수를 날라 진설을 시작하는데, 진설은 대략 아래와 같다.

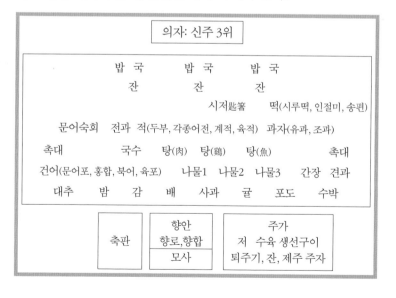

완정 불천위 제사 진설

　　완석정종가의 제사 제수와 진설에는 몇 가지 특징이 있다. 첫째는 다른 가문의 불천위 제사와 달리 날고기를 쓰지 않고 모두 익혀서 적炙으로 올리는 것이다. 둘째는 여러 종류의 전과 육적肉炙, 계적鷄炙, 어적魚炙 등을 따로 담지 않고 하나의 큰 제기에 겹쳐 쌓아서 올리는 점이다. 포脯도 육포, 문어포, 북어포, 홍합포 등을 하나의 제기에 담는다. 셋째 아헌과 종헌에 올릴 편육과 어적을 따로 담아 주가에 올려 두었다가, 헌작 때마다 차례로 올리는 것이다. 『가례』에는 초헌 때 육적을 화로에 구워 올리고, 아헌 때 계적을 구워 올리며, 종헌 때 어적을 구워 올리도록 하였는데, 완석정종가의 관행도 이와 유사한 것이라고 할 수 있다.

입제일 밤 11시 30분 경이 되면 제복을 갖추어 입은 종손 이하 여러 집사들과 참사자들이 사당에 올라가 출주出主 고유 의례를 행한다. 고유는 신주를 개독開櫝하여 일행이 함께 참배한 후에 종손이 분향하고 출주의 축문을 읽은 후 재배한다. '출주고축出主告祝'은 아래와 같다.

今以
顯十三代祖考 通政大夫 承政院左副承旨
　兼經筵參贊官 春秋館修撰官
　記注官 府君
顯十三代祖妣 淑夫人 玄風郭氏
顯十三代祖妣 淑夫人 安東權氏 遠諱之辰
　敢請
神主出就正寢 恭伸追慕

지금 현13대조고 통정대부 승정원좌부승지 겸경연참찬관 춘추관수찬관 기주관 부군과 현13대조비 숙부인 현풍곽씨와 현13대조비 숙부인 안동권씨를 부군의 기일에 감히 청컨대 정침으로 모셔 삼가 추모하는 마음을 펴고자 합니다.

이는 『가례』의 '출주고축[孝孫某, 今以仲春之月, 有事於皇

출주고유

某親某官府君　皇某祖妣某封某氏, 敢請神主出就正寢, 恭伸奠獻'
과 조금 다른 것을 알 수 있다.

　　고유가 끝나면 신주를 별도의 운반용 독櫝에 안치하여 정침
으로 나간다. 큰 독에는 완석정 선생과 현풍곽씨의 신주를 안치
하여 종손이 받들고, 작은 독에는 안동권씨의 신주를 안치하여
집사가 받들고 나간다. 행렬의 앞에는 집사가 한 쌍의 촉대를 들
고, 신주 뒤에는 다른 집사가 향안에 향로, 향합, 모사茅沙를 올려
서 들고 따른다. 신주가 정침 대청에 이르면 독을 열어 제상 뒤편
의자 위에 봉안한다. 촉대는 제상의 좌우에 올려두고 향안은 제
상 앞에 설치하는데, 모사는 향안 아래에 내려 놓는다. 향안의 오

른편에는 주가酒架를, 왼편에는 축판祝板을 둔다.

　자정이 지나 기일 새벽이 되면 모든 참사자들이 제복을 갖추어 입고 대청에 서열을 이루어 선다. 그러나 불천위 제사 때는 참사자가 많고 대청이 좁아 서열을 이루기 어려우므로 혼잡할 수밖에 없다. 여자들 중에는 오직 종부宗婦 한 사람만이 참례하여 아헌亞獻의 예를 올리게 된다. 종부가 유고인 경우에는 차종부가 대신 참례한다.

　제사는 참신參神, 강신降神, 초헌初獻, 독축讀祝, 아헌亞獻, 종헌終獻, 유식侑食, 합문闔門, 계문啓門, 헌다獻茶, 사신辭神, 고이성告利成, 분축焚祝의 순서로 이루어진다. 강신과 초헌은 종손이 행하고, 아헌은 종부가 행하며, 종헌은 나이와 항렬이 높은 문중 사람 또는 타문중 참석자가 행한다. 초헌 때의 축문은 아래와 같다.

　　　維歲次乙未九月壬戌朔十六日丁丑 孝十三世孫鍾健
　　　　　敢昭告于
　　　顯十三代祖考 通政大夫 承政院左副承旨 兼經筵參贊官
　　　　　春秋館修撰官 記注官 府君 歲序遷易 諱日復臨
　　　　　追遠感時 不勝永慕 謹以淸酌庶羞 恭伸尊獻
　　　顯十三代祖妣 淑夫人 玄風郭氏
　　　顯十三代祖妣 淑夫人 安東權氏 配食 尙
　　　饗

불천위 제사

유세차 을미 구월 임술 삭 십육일 정축에 13세손 종건이 감히 현
13대조고 통정대부 승정원좌부승지 겸경연참찬관 춘추관수찬
관 기주관 부군께 밝게 아룁니다. 해가 바뀌어서 기일이 다시 돌
아옴에 시간이 지날수록 느꺼워 길이 사모하는 마음을 이길 수
가 없습니다. 삼가 맑은 술과 여러 가지 음식으로 공경히 제사를
올리며, 현13대조비 숙부인 현풍곽씨와 현13대조비 숙부인 안
동권씨를 아울러 배향하오니 부디 흠향하시옵소서.

이 축문은 완석정종가의 기제忌祭가 단설單設로 행해져온 전통 위에 근래의 합설로 인한 변통이 반영된 것이다. 원래 합설의 제사에는 두사頭辭에 고위와 비위를 병칭하는 것이 원칙이지만, 이 축문에서는 비위 두 분을 말미에 배식配食으로 붙인 것이 그것이다. 완석정종가 제사의 간소화로 인한 변천상을 알 수 있는 자료가 된다고 하겠다.

아헌에는 별도로 준비해 둔 편육을 올리며, 종헌에는 생선구이를 올린다. 기타 절차는 유사와 참사자들이 함께 행한다. 완석정종가의 대청에는 제사 때의 합문闔門과 계문啓門을 위해 대청에 문을 달 수 있도록 설비가 되어 있었지만, 현재는 그냥 병풍으로 제상 주변을 가리고 있다. 시제時祭 등의 제사에는 사신 전에 수조受胙(음복) 의식이 있지만, 기제 때는 행하지 않는다.

제사가 끝나면 다시 신주를 독에 안치하여 사당에 봉안한다. 한 쌍의 촉대와 향안도 함께 이동하여 사당에 원래대로 배설한다. 이 모든 행사가 끝나면 참사자들은 사랑에 모여 음복과 회식을 갖는다. 문중 종인들로서는 연중 가장 중요하고 엄숙한 행사를 잘 마쳤으므로 매우 홀가분하고 즐거운 마음으로 제사 음식을 즐기며 밤늦게 환담을 나눌 수 있게 되는 것이다. 이 불천위의 제사야말로 완석정 가문의 모든 후손들이 참여하여 우의를 돈독히 할 수 있는 뜻깊은 시간이 된다고 할 수 있다.

3. 향음주례鄕飮酒禮와
『강정유계안江亭儒契案』

　　향음주례鄕飮酒禮는 지방의 유림들이 고을의 원로들을 모시고 연회를 하는 의례이다. 이는 고대 중국에서 기원을 둔 것으로 향사례鄕射禮와 함께 지역 공동체 사회의 유대를 돈독히 하고 학문과 예법을 강마하기 위해 시행되는 향례鄕禮이다. 이들은 관혼상제冠婚喪祭의 가례 예법과 함께 유교의 전통적인 육례六禮를 구성하는 것이다. 이는 원래 고을에서 수령이 주관하는 것이었지만, 조선후기에는 재야 사림들이 친목 행사로 사사로이 행한 경우가 많았다. 완석정의 종가를 비롯하여 많은 후손들은 성주의 유력한 양반 문벌이었으므로 이러한 향례를 주관했을 것으로 생각된다. 그 중의 하나가 1901년(광무 5) 4월 8일에 거행된 완석정

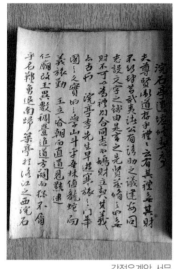

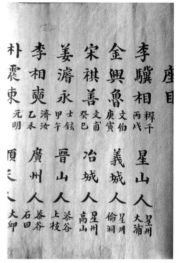

강정유계안 서문 · 강정유계안 좌목

유허계浣石亭遺墟修契의 향사례였다.

　　그 해 4월 8일에 '완석정浣石亭'이 있던 오도촌의 강가에 성
주·칠곡·인동·대구 일대에서 온 수백 명의 유림儒林이 모여 향
음주례鄕를 행하였다. 이 향음주례의 초청자는 완석정의 10대 종
손이었던 모운慕雲 이상후李尙厚였다. 여기에 참석하였던 유림의
수는 여러 성씨의 빈객이 195명이었고, 벽진이씨 종친들이 100여
명 가량 되었던 것으로 추측된다. 빈객으로는 농산農山 장승택張升
澤, 공산恭山 송준필宋浚弼, 만구晩求 이종기李種杞, 회당晦堂 장석영張
錫英, 강재剛齋 이승희李承熙, 면우俛宇 곽종석郭鍾錫 등 이 일대의 쟁

쟁한 학자와 지사들이 다 모였다. 이때의 행례 기록은 자세히 남아 있지 않지만, 당시의 집사분정기執事分定記는 완석정종가의 고문서에 포함되어 『한국고문서집성』 제93집에 수록되어 있다.

여기에는 주요 집사로서, 빈賓(손님 대표)에 유학幼學 장승택, 주인에 진사 이달희李達熙, 개介(중개역 손님)에 유학 윤택규尹宅珪, 선찬僎(찬례자)에 전 군수 장두삼張斗參, 삼빈三賓(주요 손님 3인)에 유학 송진욱宋鎭旭, 전 감역 장기원張驥遠, 진사 도우룡都雨龍, 중빈衆賓(여러 손님)에 유학 조현원趙鉉元, 강만형姜萬馨, 윤소의尹韶儀, 정용구鄭容九, 박태동朴泰東, 이수담李壽聃, 이명로李明魯, 상례尙禮(의례 담당)에 유학 이승희, 이상익李相翼, 찬례贊禮(의례 진행)에 유학 이석균李錫均, 송종익宋宗翼, 찬의贊儀(의식 진행)에 유학 장한상張瀚相, 박성동朴聲東, 찬창贊唱(홀기 창자)에 유학 이상각李相慤, 곽창섭郭昌燮 등이었고, 기타 여러 집사들은 다 기록할 수 없을 정도로 많다.

이러한 집사의 규모를 보면 이 향음주례는 『향례합편鄕禮合編』 등에 규정된 향음주례의 집사 명목과 일치함을 알 수 있고, 오히려 더 성대하게 진행되었음을 알 수 있다. 낙동강 물가의 옛 완석정 터에 약 300여 명의 유학자들이 한 자리에 모여 예의를 강마하고 연회를 가진 일은 예사롭지 않은 일로, 이 지역 사회에서 보기 드문 장관이었다. 이 향음주례는 사실 일정한 목적을 가지고 있었다. 그것은 완석정유허계浣石亭遺墟契를 결성하는 일로 오래전에 퇴락하여 황폐화되고 빈 터만 남아 있는 이곳에 지역 유림들의 협력을 얻어 완석정을 재건하는 일이었다.

향음주례를 마치자 이 자리에 참석한 유림들은 완석정유허계를 결성하고 계안契案을 작성하였다. 이 계안은 『강정유계안江亭儒契案』이란 간략한 표제로 장정되어 전해 오고 있다. 이 계안의 서문을 찬술한 사람은 농산 장승택으로서, 그가 완석정 재건을 발의한 사람이라고 할 수 있다. 사실 모든 준비를 하고 많은 예산을 들여 잔치를 베푼 사람은 종손 이상후로, 그가 장승택과 긴밀하게 협의하고 그를 앞세워 이 일을 추진하였던 것으로 생각된다.

농산은 이 계안의 서문에서 완석정이 폐허화 된 것을 깊이 탄식하고 완석정의 후손인 이상후, 이덕후李德厚, 이민후李敏厚와 함께 재건을 의논하여 이 지역의 유림들을 초빙하여 향음주례를 열고 이 계를 결성하게 되었음을 밝혔다. 그리고 이 계의 결성 목적을 "재각齋閣을 세워 완석정 선생의 유적을 지키고, 제수祭需 자금[蘋藻]을 모아 성의를 바치며, 향음주례와 향사례를 거행하여 예법을 실천하는 것[齋閣以守其地, 蘋藻以薦其誠, 飮射以行其禮]" 3개 항으로 명시하였다. 이러한 농산의 제안에 대하여 참석한 대부분의 유림이 찬동하여 '완석정유허계'에 가입하였고, 계안에 이름을 올렸다.

이 계안에 이름을 올린 사람들은 모두 195명으로 성주와 주변 지역의 명망 있는 유력 가문들이 다 포함되어 있다. 이들의 성씨와 참여 인원 수를 보면, 아래 표와 같다. 이 명단을 보면 앞의 향음주례 빈객들과 일치하는 것을 알 수 있다. 이 계에 벽진이씨 유림들이 이름을 올리지 않은 것은 특이하다. 선조를 위한 위선爲 先 사업은 후손들의 당연한 도리이며, 그 기금을 모으기 위한 계안에 외래 빈객들과 이름을 같이 올리지 않는 것이 당시의 관행이었던 것으로 보인다. 그리고 완석정 재건의 자금은 대부분 후손들이 부담하였고, 계인契人들의 기여는 많지 않았던 것으로 알려져 있다. 그러나 굳이 이러한 계를 결성한 것은 이 사업에 지역 유림들이 동참하는 형식을 갖추기 위한 것으로 생각된다. 1901년의 향음주례는 이러한 목적으로 이루어졌던 것이라 하겠다.

[표6] 완석정유허수계소 향음주례浣石亭遺墟修契所鄕飮酒禮 참여 성씨와 인원

성씨	참가자	주요 인물
옥산장씨 여헌 장현광 후손 일가	34	장승택張升澤, 장기원張驥遠, 군수 장두삼張斗參
광주이씨 석담 이윤우 후손 일가	32	이상석李相奭, 이능환李能煥
야성송씨 공산 송준필 일가	19	송준필宋浚弼, 송기선宋祺善
성산이씨 월봉 이정현 후손 일가	14	이기상李驥相, 이승희李承熙
순천박씨 사육신 박팽년 후손 일가	10	박진동朴震東, 박태동朴泰東
경산이씨 첨추 이성순 후손 일가	9	이만영李萬英, 이탁춘李鐸春
청주정씨 한강 정구 후손 일가	8	정용구鄭容九, 정진용鄭晉容
안동권씨 좌의정 권진 후손 일가	6	권대제權大濟, 권민제權民濟

성산배씨	6	배상우裵相禹, 배상철裵相喆
밀양변씨	6	변인석卞麟錫, 변기명卞基命
현풍곽씨 망우당 곽재우 후손 일가	6	곽종석郭鍾錫, 곽창섭郭昌燮
창녕성씨 부용당 성안의 후손 일가	5	성한탁成漢倬, 성한영成漢榮
파평윤씨	5	윤택달尹宅達, 윤소의尹詔儀
전의이씨 참의 이지화 후손 일가	5	이종기李種杞, 이근중李根重
진주강씨 판서 강윤지 후손 일가	5	강준영姜濬永, 강만형姜萬馨
성주도씨 죽헌 도신징 후손 일가	4	진사 도우룡都雨龍, 도인상都寅相, 도원상都元相
동래정씨	3	정재선鄭載善, 정용구鄭容九
의성김씨 동강 후손 일가, 의성김씨 학봉 후손 일가	3	김성호金成鎬, 김흥로金興魯
전주이씨 의안대군 이화 후손 일가	2	이승준李承俊
선산김씨 점필재 김종직 후손일가	2	김진학金鎭學, 김수동金洙東
평산신씨	2	신무균申武均
연안이씨	2	이현문李鉉汶, 이현삼李鉉參
초계정씨 동계 정온 후손 일가	2	정치로鄭致魯
흥해최씨	1	최학렬崔鶴烈
영천최씨 죽헌 최항경 후손 일가	1	최우동崔羽東
화순최씨	1	최학길崔鶴吉
함양박씨	1	박주헌朴周憲
성주여씨	1	여진규呂鎭奎
합계	195명	

제7장 완석정 종택의 건축과 조경

1. 종택의 유래

    완석정 후손들의 종가 고택은 홈실의 제남濟南, 담뒤 마을에 있다. 고택에는 불천위로 정해진 완석정과 종손의 4대조 신주를 함께 모신 부조묘不祧廟 사당이 있다. 이 종가는 벽진이씨 완석정 파의 대종 종택宗宅이다.

    이 종택 건물은 원래 완석정의 장파인 두진斗鎭의 후손으로 해량海亮—주악柱岳 가계의 7세손이었던 요산堯山 이존영李存永(1787–1849)이 건축한 것으로 200여 년이 넘은 건물이다. 현재는 안채, 사랑채, 대문채, 사당, 내삼문, 외삼문 등 6동으로 구성되어 있다. 1894년에 애국지사였던 이존영의 후손 면와勉窩 이덕후李德厚(1855–1927) 선생이 종가에 양도하여 지금에 이르고 있다. 당시

동학혁명으로 사회가 혼란해지자, 10세 종손이었던 모운募雲 이
상후李尙厚(1852-1921)가 홈실에 피난을 왔다가 현재의 종택宗宅을
매득하여 이사한 것이다. 그 후 이 집은 120여 년을 이어오며 완
석정종가의 새로운 터전이 되었다.

완석정 고택은 1985년 12월 30일 경북문화재자료 제163호
로 지정되어 대규모 보수공사를 거쳤으나, 비교적 원형을 잘 보
존하였다. 현 종손 이종건李鍾健 선생은 오랜 공직 생활 때문에
서울에서 살았지만, 매월 2회 이상 왕래하면서 부지런히 종택을
관리하고 있다. 집안의 돌맹이 하나 초목 하나라도 그의 손을 거
치지 않은 것이 없다.

2. 자연 경관과 건물의 배치

　　완석정 고택은 야산을 배후에 두고 정방형에 가까운 토담 속
에 동남향으로 배치되어 있다. 시대에 따라 건물의 동수와 규모
및 배치가 조금씩 다르기는 하였으나, 현재는 안채, 사랑채, 대문
채, 사당, 내삼문, 외삼문 등 6동으로 구성되어 있다. 고택의 건물
배치는 사당, 대문채와 내삼문이 일직선상에 있고, 그 오른쪽에
안채와 사랑채가 앞뒤로 배치되어 있다. 일직선상에 있는 건물
들은 모두 박공 기와집으로, 사랑채는 팔작지붕이며 안채는 맞배
지붕이다.

　　대문채를 들어서면 왼쪽으로는 사랑채, 오른쪽으로는 정사
각형의 작은 공간에 조금 높게 사당이 자리잡고 있다. 그 사이 공

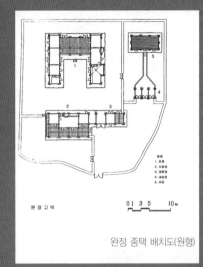

범례
1. 안채
2. 사랑채
3. 대문채
4. 내삼문
5. 사당

완 정 고 택

0 1 3 5   10 M

완정 종택 배치도(원형)

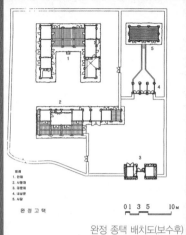

범례
1. 안채
2. 사랑채
3. 대문채
4. 내삼문
5. 사당

완 정 고 택

0 1 3 5   10 M

완정 종택 배치도(보수후)

종가배치 항공사진

종택 사랑채 모운정

간은 마당으로 두 건물의 경계를 이루는 공간이면서 안채로 들어
갈 수 있는 길이 되기도 한다.

사랑채로 들어가는 경계에는 나즈막한 협문을 두었다. 협문
의 높이는 예전부터 그렇게 낮았는데, 외부인이 들어올 때 고개
를 약간 숙임으로써 주인과 집에 대한 예를 갖추는 뜻을 담고 있
다. 사랑채는 안채와 마찬가지로 동남향의 '一'자 형의 4칸으로
되어 있다. 원래 사랑채는 6칸 건물이었는데 오랜 세월에 퇴락하
여 1946년 현재 규모로 개축되었다. 안채와 사랑채는 원래 담장

으로 막혀 있었고 협문을 통해서만 대문채와 안채로 이어지게 되었다. 현재는 사랑채 뒤편의 서쪽 담장을 철거하여 안채와 바로 통행할 수 있도록 되어 있다. 외부인들에게는 담장을 두었으나, 현재는 내부적으로 자유롭게 통행할 수 있도록 공간을 터놓은 것이다. 시대의 변천에 따라 남녀 내외를 격리할 필요가 없어진 것이다.

안채는 정면 5칸 측면 5칸 반의 박공 맞배지붕으로 중앙부에는 정면 3칸 측면 2칸의 6칸 대청마루가 자리 잡고, 좌우에는 직교直交한 익사翼舍가 한 단 낮게 앞으로 돌출하여 'ㄇ' 자 형에 가까운 배치를 보이고 있다. 막돌로 쌓은 축대 위를 석회로 다진 후 자연석 주초柱礎를 사용했는데 기둥은 네모기둥이지만 대청 전면기둥만은 두리기둥을 세웠다.

대문간을 지나 중문을 지나면 바로 안채가 들어오지 않고, 왼쪽으로 돌아 진입하도록 되어 있다. 건축 당시의 엄격한 남녀 내외 구별 때문에, 함부로 엿보거나 마주치지 않도록 공간이 설계된 것이다. 안채는 정면 5칸 측면 5칸으로 좌우로 부엌과 별채를 이어 붙여 'ㄇ' 자 형에 가깝다.

안채에서 특이한 것은 안방과는 분리된 채 대청 중앙에 '집 속의 집'처럼 가변형의 벽을 세우고 방을 만들 수 있도록 되어 있는 점이다. 여기에 분합문을 달아 내리면 별도의 실내 공간이 되고 문을 올려놓으면 넓은 대청으로 사용할 수 있다. 통상 안방이 그렇게 이용되지만, 이곳은 안방과는 분리되어 제사나 연회에 사용할 수 있도록 계획된 별도의 공간이다.

사당[不祧廟]은 내삼문을 통해 들어가 한 층 올라간 지대 위에 세운 정면 3칸 측면 2칸 규모이다. 이 사당 건물은 1984년에 신축된 것이고, 원래의 건물은 현재 사당 출입문인 내삼문으로 개조하였다. 대문채[外三門]와 일직선상에 있으며 살림집을 옆에 두고 다소 높게 자리 잡고 있다. 안채와는 담으로 분리되어 있으나 작은 협문을 두어 바로 사당채로 들어 갈 수 있도록 해놓았다.

완정고택 사당

3. 마당과 정원

외부에서 보는 완석정 고택은 사랑채와 안채, 사당이 적당한 거리를 두고 배치되어 있고, 이들 건물은 각기 마당을 두고 있다. 각기 분리 된 듯하면서도 협문과 내삼문 등이 이어져 있다. 이는 안채와 사랑채의 내외 구분, 생활공간과 제사 공간의 구분 등 건물의 기능에 따라 배치한 것이다. 사당에는 완석정 선생의 부조묘不祧廟를 모시고 있고, 현 종손의 고조 이하 고비考妣까지의 신주를 모시고 있다.

고택의 사랑채 앞에는 백년이 훨씬 지난 엄나무와 단풍나무가 버티고 있고, 난초정원이 조성되어 있어 한 폭의 그림같이 아름답다. 명곡의 백양산이나 남산위에서 완석정 고택을 바라보면

기와지붕 곡선과 건물배치, 좋은 집터가 아우러져 한 폭의 동양화를 연상케 한다.

완석정 고택 당호와 사랑채인 모운재慕雲齋의 현판글씨는 애국지사 극암克庵 이기윤李基允 선생이 쓴 것이다. 모운재에 걸려 있는 「완석정기浣石亭記」 판각은 1680년(현종 6)에 미수眉叟 허목許穆이 짓고 글씨를 쓴 것이다. 또 하나의 판각 「문서정사팔영汝西精舍八詠」은 11대 종손 송강松岡 이우태李愚泰 선생이 짓고 서예가 율관栗觀 변창헌邊昌憲 선생이 쓴 것으로 명곡의 여러 지역 경치를 예찬한 내용으로 되어 있다.

완석정 고택은 소박한 삶의 흔적이 마당에 펼쳐지고 살림살이의 편리함과 기품을 함께 갖춘 집이다. 효렴孝廉·충효忠孝·절의節義의 전통을 계승해 온 명문가로서, 각 건물에 마당을 배치하여 건물배치에 여유를 주고 소박한 풍취와 아름다움을 보이고 있다.

제8장 종가의 사람들

1. 완석정종가의 가풍과 일화

벽진이씨는 청백·절의와 충효로 이름 높은 전통을 이어왔다. "가정에서는 청백淸白을 전하고, 대대로 충성과 근면을 지키라[家傳淸白, 世守忠勤]."는 가훈은 중종中宗이 반정 공신인 성산군星山君 이식李軾에게 내린 찬문贊文으로서, 벽진이씨 가문의 오래된 전통이 되었다.

완석정浣石亭의 부친 공암孔巖 이등림李鄧林은 특히 청렴과 선정善政으로 당대의 사표가 되었다. 선조 17년(1584)에 공암은 인근의 인동현감으로 부임하여 고을에 선정을 베풀었다. 그가 체임遞任되어 돌아갈 때 공암의 한 여종이 신발도 없이 맨발로 따라가는 것을 보고 고을의 아전衙前이 관아의 새 짚신 한 켤레를 주었

다. 공암이 이를 보고 사유를 물으니 여종이 사실대로 고하였다. 공암은 이를 마땅히 여기지 않고 "이 짚신도 또한 관물이다." 하고, 길가에 있는 바위에 걸어두라고 명하고 떠나갔다. 이로부터 고을사람들이 이 바위를 「신걸이 바위[掛鞋巖]」라고 이름 하였다. 이 일은 고을의 미담이 되어 후세에까지 전해왔다.

1935년에 유림에서는 뜻을 모아 이 바위에 글을 새겼는데 그 내용은 아래와 같다.

이 바위를 신걸이라 이름함은 우리 원님의 청백淸白한 업적이

니, 선유仙遊의 과품菓品이요, 회남淮南의 송아지와 같았다네.

이 바위가 마모되지 않는 한 길이길이 칭송稱頌하고 본받으리.

후학後學 옥산玉山 장윤상張允相이 짓고, 평산平山 신상태申相

泰가 글씨를 쓰며 청주淸州 한영수韓英洙가 주관하여 을해년

1935에 바위에 글을 새김.

공암의 청렴하고 공정한 관료의 기풍은 완석정을 비롯하여 많은 후손들과 지역사회 선비들에게 귀감이 되었다.

완석정은 가정의 유훈을 이어받고 자랐으며, 한강寒岡과 여헌旅軒 두 선생의 문하에서 공부하고 수양하였다. 여기에 본인 자신의 재능과 노력을 더하여 기개 있는 선비와 학자로서 이름을 떨치고 당대의 명신名臣이 되었다. 한강은 완석정을 가르쳐 보고, "요즈음 젊은 사람 중에서 마음가짐이 확연하고 자질이 굳건한 사람이 흔치 않는데, 이제 그대가 이와 같으니 후일에 크게 성공하리라."라고 칭찬하였다. 여헌은 "이 사람은 가정교육을 참으로 잘 받았기 때문에 뒷날 집안을 빛낼 재목이 될 것이다."라고 평하였다. 이러한 평판은 완석정 가문의 전통이 되어 누대에 걸쳐 충효와 청렴을 실천하는 바탕이 되었다.

완석정 종택은 본래 칠곡 돌밭[石田]에 있었으나, 완석정 당대에 오도촌(현 선남면 오도리)으로 이사하였고, 후대에 다시 웃갖[上枝]으로 이주하였다. 그러다가 1894년 동학 운동이 일어나자 10

대 종손이었던 모운募雲 이상후李尚厚가 친척이었던 면와勉窩 이덕후李德厚로부터 현재의 종택宗宅을 양도받아 이사하였다. 웃갓에 살 때만 해도 남녀 노비들이 많았으나, 홈실로 이사한 후에는 노비들이 다 흩어지고 머슴과 가정부 2~3명을 데리고 살았다.

완석정종가는 인후仁厚하기로 유명하였지만, 특히 종부들이 그러하였다. 완석정종가의 종부들은 대대로 영남 지역의 전통 있는 종가나 명문가에서 시집을 왔기 때문에 예절과 법도도 있었지만, 어질기도 하였다. 이러한 종부들의 성향은 고부 간에 전승되고 대를 이어 계속되었다. 현 종손 이종건 선생의 회고에 의하면, 모친 서흥김씨瑞興金氏는 한훤당寒暄堂 집안에서 시집오신 분으로 봉제사 접빈객에 한치의 착오도 없었을 만큼 명민하였을 뿐만 아니라 걸인들이나 장인匠人들을 대접하는 것도 소홀하지 않았다고 한다. 걸인들에게 음식을 줄 때도 그들의 바가지나 그릇에 부어주는 법이 없었고, 반드시 집안의 그릇에 담아 소반에 차려 주었다. 그러면 걸인들도 밥을 다 먹고 그릇을 깨끗이 씻어서 돌려주고 인사를 하고 떠났다는 것이다. 또 보부상이나 땜장이 통장이와 같은 장인들도 이 집에서 여러 날 묵으며 종가와 이웃집의 기물들을 수선해 주거나 물건을 팔았는데, 조금도 박대하는 일이 없었다. 서민들에 대한 이러한 후한 대접은 서흥김씨뿐만 아니라 집안에서 내려온 오랜 전통이었다고 한다.

종손들도 역시 인후하였다. 일년 농사가 끝나고 머슴들에게

새경을 줄 때도 흥정을 하거나 곡식을 계량하는 법이 없었고, 머슴들이 자신들의 새경을 알아서 마음대로 퍼 가도록 하였다. 또 제사에 필요한 짐승이나 과일·채소 등의 제수 용품도 동네 사람들에게 사거나 빌려 올 때 값을 묻지 않았고, 그들이 알아서 곡식을 담아 가도록 하였다고 한다. 값을 묻지 않고 흥정을 하지 않는 것이 양반 가문의 관행이기는 하지만, 근대에 오면 실제로 그렇게 하는 집이 그리 많지 않았다.

2. 종손과 종부

1) 선 종손과 종부

선 종손 이영기李瀁基(1915-1994) 선생은 완석정의 12대 종손으로 자字가 문숙文淑, 호가 석운石芸이었고, 한학과 신학을 함께 익혔다. 그는 벽진소학교와 성주농업학교를 졸업하고 광복 전에 10여 년간 공직 생활을 하였다. 농업학교 재학 중에는 항일운동으로 잠시 옥고를 치른 적이 있었고, 학교를 마친 후에는 10여 년간 한학을 수학하였다. 젊은 시절부터 유림에서 활발하게 활동하였고 유림 단체의 간부를 지내기도 하였으며 인망이 높아 일찍이 자동서원紫東書院 원장을 역임하기도 하였다. 만년에는 위선

선 종손 이형기 선생

사업과 종사宗事에 주력하여 종택을 문화재로 지정하는 등 많은
활동을 하였고 어려운 친척들을 잘 보살폈다. 부인 서흥김씨瑞興
金氏와의 사이에 아들 종건鍾健, 석우錫寓, 석재錫宰와 딸 둘을 두
었다.

　　선 종부 서흥김씨 김정식金貞埴(1914-2001) 여사는 한훤당寒暄
堂의 후손인 유학자 김희준金熙準의 딸이었다. 그녀는 어려서 집
안에서 한문과 언문을 익혔는데, 친정아버지로부터『소학小學』을
배웠고 좋은 문장도 많이 암송하였다. 처녀 때는『소학언해小學諺

解』를 필사하기도 하였다. 이 때문에 서흥김씨는 문장에 능하여 많은 내방가사를 지었고, 또 동네 사람들의 사돈지도 많이 써 주었다. 광복 전후에는 동네 처녀들에게 언문(한글)과 부도婦道를 가르치기도 하였다.

서흥김씨는 오현五賢의 자손이라는 자부심이 강하였고, 부덕婦德이 높아 종인宗人들의 추앙을 받았다. 일제말기와 해방기의 혼란, 농지개혁, 6·25 등을 겪으면서 궁핍한 가운데 어려운 종가 살림을 잘 유지하였다. 60여 년간 종택을 지키며 많은 제사를 치르고 많은 손님을 대접하면서 어느 것 하나 법도에 어그러지지 않게 하였고, 어려운 사람들도 많이 보살폈다. 그리고 성품이 활달하고 소통에 능하였으며 주관이 뚜렷하고 결단력이 있었다. 이러한 면모에서 선 종부 서흥김씨는 전통에만 구속되지 않고 현대 사회에도 잘 적응하며 모범적인 종부의 삶을 살았다. 이는 친정과 시가의 부덕을 계승한 결과라고 할 수 있으며, 오늘날 명문가 종부들에게도 귀감이 되는 것이다.

2) 종손 이종건李鍾健 선생

완석정의 제13대에 해당하는 현 종손 이종건(1936-) 선생의 보명譜名은 석원錫元이며 자는 성일誠一이고 호는 벽파碧坡이다. 일찍이 한학을 배워 6세 때부터 『천자문』, 『동몽선습』 등을 익혔다. 8세 때부터는 정식으로 신교육을 받아 초전국민학교를 졸업하고 1949년에 경북중학교에 진학하였다. 당시 초전면에서는 드문 일이었다. 1955년에는 고려대학교 법과대학에 합격하여 서울로 유학하였다. 외지로 공부하러 갈 때 부친 석운石耘 선생은 '열심히 공부하고, 청렴하고 줏대 있게 처신하라.' 고 가르쳤고, 모친은 '공부의 목적이 인격도야와 학문연구에 있는 것이지, 반드시 좋은 자리에 취직하는 데 있는 것이 아니다.' 라는 가르침을 주었고, 그도 이를 명심하여 실천하였다.

종손 이종건 선생

　　대학을 마친 후에는 공무원 시험을 통해 서울시 여러 주무과
장, 용산구청 총무국장 등을 역임한 후 1997년에 정년퇴직하였다.
재직 중에는 세계 상수도대회 서울시 대표로 참석하기도 하였고,
한미행정협의회 한국 측 간사를 맡아 주한 미군의 선도와 한미친
선에도 기여하였다. 종손은 청렴하고 근면한 공직 생활로 재임 중
여러 차례 훈장과 표창을 받았다. 그는 태어나서부터 종가의 전통
과 법도 속에서 생활하며 여러 종친들의 기대를 모았다. 그래서 배
우고 깨달으며 종손의 품성을 길렀고 자신의 책임을 담당하였다.

그는 45세 되던 1980년부터 병중의 부친을 대신하여 완석정 종가를 이끌어 왔다. 그러나 서울시 공무원으로서 오랜 공직 생활과 자녀 교육 때문에 종가에 상주하면서 사당을 돌보지 못한 것을 늘 죄송스럽게 여기며 살았다고 한다. 현재는 벽진이씨 완석정종회 상임고문을 맡고 있고, '임진의병정신문화선양회' 고문, '뿌리회' 이사를 맡아 우리의 전통문화와 정신을 선양하고 교육하는 데 노력하고 있다.

이종건 종손은 1963년 안동 하회 충효당忠孝堂의 서애西厓 선생 14대 종녀宗女인 풍산류씨豊山柳氏 류정하柳貞夏 여사와 결혼하여 2남 1녀를 두었다.

이종건 선생은 현대 사회에서 종손의 책임을 오랜 경험에 의해 설파하고 있다.

현대의 삶과 종가문화가 공존하려면 먼저 종손들의 자생력이 확립되어야 한다. 오늘날은 종손들에게 예전처럼 경제적 기반이 보장되거나 대접받는 처지가 아니므로 스스로 노력하여 자력갱생自力更生의 길을 모색할 수밖에 없다. 그러자면 종손은 공부를 열심히 해서 사회적으로 성공해야 하고, 직분을 수행할 수 있을 만큼의 고소득 전문직을 갖는 것이 바람직하다. 그래서 현직에 있을 때는 열심히 일하고, 퇴직 후에는 종손의 역할을 제대로 할 수 있도록 미리 수업을 받고 역량을 길러야 한다. 그리고 무엇보다 종원들을 아끼고 배려하는 역지사지易地思之의 정신을 발휘할 수 있어야 한다. 그리고 종가문화가 잘 계승되기 위해서는 차종손이 충분한 소양과 준비를 갖출 때까지 종손이 건강을 유지하면서 오래 동안 종가를 관리해 주어야 한다.

그는 동종의 여러 후손들에게도 당부하고 싶은 말들이 있었다.

종갓집 행사는 문중의 행사이고 모두의 조상들을 위한 행사이므로 적극적인 참여정신이 필요하다. 오늘날은 모두 생업에 바쁘니까 너무 강요할 수 없는 일은 아니지만, 후손들 스스로 알아서 참여해 주면 좋을 것이다. 옛날에는 제사가 있을 때 부인들도 30~40명이 모여 제수도 준비하고 친목도 다졌는데, 지금은 그럴 형편이 아니다. 그러나 가능하면 종가의 행사에 후손들만 오지 말고 부인들과 후속 세대가 많이 참여하여 우리의 전통 문화를 익혀주었으면 한다. 그리고 문중의 행사에 참여만 할 것이 아니라 가문의 역사와 교훈에 대하여 조금이라도 공부를 하려는 마음이 필요하다. 이러한 노력을 통해 후손들이 완석정 가문의 전통을 계승하고 스스로 발전할 수 있을 것이다.

이종건 종손은 종가문화의 계승에 대하여 친족들에게 당부하기도 하고, 여러 교육 기관에서 강연도 한다. 그는 종가의 의례나 생활도 옛날 방식을 고집할 수 없고 현대 사회에 맞게 적절히 고쳐나가야 한다고 믿는다. 현실적인 여건을 고려할 수밖에 없기 때문이다. 그래서 그는 아들과 며느리가 너무 부담을 갖지 않도록 제사를 간소화시켰다. 그러나 그 원형은 잘 보존해서 지켜가기를 바라고, 또 그렇게 교육하고 있다.

3) 종부 류정하柳貞夏 여사

현 종부 류정하 여사는 서애 선생의 14대 종녀로서 성균관 부관장 류시영柳時泳 선생과 무안박씨務安朴氏 박필술 여사의 장녀이다. 종부 류여사는 서울농촌지도소와 농협 부녀부장으로 10여 년간 공직생활을 하면서도 봉제사 접빈객의 종가 일에 전념하였다. 그리고 종손의 공직 생활을 잘 보좌하는 한편 자녀들의 교육에 정성을 기울여 훌륭한 결실을 맺었다. 종부는 3남매를 교육시키면서 매일 새벽 두 시까지 자수를 놓으며 자녀들의 공부를 돌보았다고 한다.

종부는 바느질에 탁월한 기량을 가지고 있어 직장일과 종부로서의 바쁜 생활 속에서도 전통 자수를 연마하여 명장의 경지에 들었다. 2회에 걸쳐 자수 전시회를 개최하였고, 2011년에는 『류

종부 류정하 여사

정하 동양자수 도록』을 출판하였다. 2014년에는 포스코 갤러리의 '신년 기획 초대전'에 국가 장인 두 사람과 함께 초대되기도 하였고, 1999년 영국의 엘리자베스 2세 여왕이 하회 충효당을 방문하였을 때는 종부 박필술 여사와 함께 여왕을 접대하였고, 선물로 기증한 자수 작품은 현재 대영제국박물관에 전시되고 있다. 종부는 2011년에 경북지역 종부 단체인 경부회慶婦會 회장을 역임하면서 종가 문화의 창달에도 힘썼다.

4) 차종손 내외와 형제 자매

차종손 이선하李璿河(1964-) 교수는 공학박사로 공주대학교
에서 교수로 재직하고 있으며, 대한교통공학회 부회장을 맡고 있
다. 차종부 윤미정尹美靜 여사는 서울대학교 음대 피아노학과를
졸업하고 베를린 대학교에서 음악학 석사학위를 받았다. 여러
번 독주회를 가졌고 여러 대학에서 강의를 하고 있으며, 와병 중
인 종부를 대신하여 봉제사와 접빈객을 전담하고 있다. 이선하
교수는 독일에서 유학한 교통공학자이지만 한문도 부지런히 익
혀왔다. 현재 경북 지역 종손들의 모임인 보인회輔仁會에 참여하
여 종가문화를 익히고 있으며, 불천위 제사와 가을 묘제에도 적
극적으로 참석하고 있다. 장손 상훈相勳은 현재 고등학교에 재학
중이다.

차남 이정하李璟河(1967-) 씨는 정치학사로서 현재 KEB하나
은행 지점장이다. 딸 이헌숙李憲淑(1969-)은 법학사法學士로 사법시
험에 합격하여 부장판사로 있으며, 사위 달성인達城人 서승렬徐昇
烈도 부장판사이다. 완석정종가의 자녀들이 이렇게 훌륭하게 성
장할 수 있었던 것은 말할 것도 없이 종손과 종부의 비상한 교육
열 때문이라고 할 수 있다. 그러나 이 집에서는 공부를 억지로 시
키는 일은 없었고, 스스로 알아서 공부하도록 부모들이 분위기를
조성하고 많은 대화를 통해 어려움을 극복하도록 하였다고 한다.

그리고 차종손을 비롯한 자녀들에게도 종가의 법도와 예절을 현장 체험을 통해 배울 수 있도록 집안의 행사에 자율적으로 참석하도록 가르치고 있다. 그래서 제사의 현장에서 축문의 작성이나 제례의 진설, 홀기笏記에 따른 제사의 진행을 익힐 수 있도록 하고 있다. 또 집안 내력과 조상들의 교훈에 대한 책자도 틈틈이 읽도록 권하고 있다.

종손은 자녀들에게 항상 당부는 말이 있다.

열심히 살아라, 사고 치지 마라, 가문의 전통을 지켜라. 불천위 제사는 누대로 전승되는 원형을 잘 유지 계승해야 한다. 제사는 최상의 제수를 마련하여 정성껏 모셔야 한다.

참고문헌

『浣亭集』, 碧珍李氏浣石亭派宗中, 2008.
『洛渚遺稿』.
『松岡文集』.

『古文書集成』 93, 星州 碧珍李氏 浣石亭 宗宅篇, 韓國學中央硏究院, 2009.
碧珍李氏大同譜編纂委員會, 『碧珍李氏大同譜』, 碧珍李氏大宗會, 1998.
한국국학진흥원 · 영남유교문화진흥원, 『慶北儒學人物誌』上 · 下, 경상북
　　도, 2008.
류정하, 『류정하동양자수』(전시회 도록), 2011.
李仁洙 외, 『汝谷書院』, 문곡서원지편찬위원회, 2011.
李鍾健, 『楡谷과 浣石亭』, 碧珍李氏浣石亭派宗中, 2012.